WHAT LIFE COULD MEAN TO YOU

自卑与超越

[奥地利] **阿尔弗雷德·阿德勒** /著

吴红 /译

江苏凤凰文艺出版社
JIANGSU PHOENIX LITERATURE AND
ART PUBLISHING

图书在版编目（CIP）数据

自卑与超越 /（奥）阿尔弗雷德·阿德勒著 ；吴红译. -- 南京 : 江苏凤凰文艺出版社, 2025. 6.（2025.11重印）-- ISBN 978-7-5594-9699-7

Ⅰ. B848

中国国家版本馆CIP数据核字第2025U9P228号

自卑与超越

（奥）阿尔弗雷德·阿德勒 著 吴红 译

出 版 人	张在健
责任编辑	孙金荣
责任印制	杨 丹
出版发行	江苏凤凰文艺出版社
	南京市中央路165号，邮编:210009
网　　址	http://www.jswenyi.com
印　　刷	南京新洲印刷有限公司
开　　本	890毫米×1240毫米　1/32
印　　张	8
字　　数	165千字
版　　次	2025年6月第1版
印　　次	2025年11月第2次印刷
书　　号	ISBN 978-7-5594-9699-7
定　　价	48.00元

江苏凤凰文艺版图书凡印刷、装订错误，可向出版社调换，联系电话:025-83280257

目录

第一章 人生的意义
人生面临的三大问题 ... 2
社会情感 ... 5
童年经历的影响 ... 10
梦境和早期记忆 ... 16
培养合作精神的重要性 ... 19

第二章 精神和肉体
精神和肉体彼此间的相互作用 ... 21
情感作用 ... 30
精神特征和身体特征 ... 37

第三章 自卑感和优越感
自卑情结 ... 41
优越感的获得 ... 48

第四章　早期记忆

个性形成的关键 ... 60

早期记忆与人生态度的关系 ... 63

对早期记忆的剖析 ... 65

第五章　梦境

过去对梦做出的解析 ... 80

弗洛伊德对梦的观点 ... 82

个体心理学方法 ... 84

常见的梦 ... 93

病例研究 ... 94

第六章　家庭环境的影响

母亲的角色 ... 104

父亲的角色 ... 112

关注与忽视 ... 119

平等的手足关系 ... 122

家庭排行 ... 124

第七章　学校影响

教育中的变革 ... 134

教师的作用 ... 135

学校里的合作与竞争 ... 140

儿童发育状况评估 ... 142

先天因素和后天培养 ... 144

不同的性格类型 ... 147

关于教育的几点观察 ... 151

咨询机构的任务 ... 154

第八章　青春期

青春期概念 ... 157

心理特征 ... 157

生理特点 ... 158

成年期的挑战 ... 159

青春期的一些问题 ... 161

青春期性行为 ... 166

青春期的期待 ... 170

第九章　犯罪与预防犯罪

犯罪的原因 ... 171

犯罪类型 ... 181

合作的重要性 ... 188

合作精神的早期影响 ... 192

如何解决犯罪问题 ... 196

第十章　职业问题

平衡人生三大问题 ... 205

早期培养 ... 207

发现孩子的兴趣 ... 211

影响职业选择的因素 ... 214

解决办法 ... 215

第十一章　个体和社会
抱团 ... 217

社会关注的缺失和沟通失败 ... 219

社会兴趣和社会平等 ... 225

第十二章　爱情和婚姻
爱情，合作和社会兴趣的重要性 ... 228

婚前准备 ... 232

婚姻中的义务与责任 ... 237

常见的逃避行为 ... 238

求爱 ... 241

营造婚姻 ... 242

单一配偶制，辛苦劳动和现实 ... 243

婚姻问题的解决 ... 246

婚姻与两性平等 ... 247

第一章　人生的意义

　　人的世界多姿多彩。人类的体验不可能脱离自身抽象地进行，一切体验都必须从自身角度出发，就连最初的体验也不例外。"木头"一词的意义是相对于"人类"而言，而"石头"是"人类生活中的一个要素"。如果有人企图排除事物的意义去思考周围的环境，脱离了他人，将自己孤立起来，其行为于己于人都毫无裨益。一言以蔽之，脱离了生活，封闭自我的一切行为都毫无意义。任何人的存在都不可能脱离现实的意义。唯有通过人类所赋予事物的意义，我们才能进行现实的体验，所以生命的体验不能只局限于事物的特质，而是必须要上升到人类对其意义的解读这一层次。遗憾的是，解读总是存在缺憾，也不可能永远正确，所以意义中永远充斥着谬误。

　　如果我们问："生命的意义是什么？"人们很可能无言以对。大多数时候，人们不会让自己在这一问题上劳心费神。但是这一问题的确由来已久，特别是在现代，几乎人人都会碰到这样的问题，比如："生命的目的究竟是什么？生命意味着什么？"平心而论，他们都是在受到某些挫折后才想起追问这些问题的。如果生活一帆风顺，他们永远也想不起这些问题来。我们常常在生活中会不可避免地遇到这样的问题，所以正确的做法就是直面以对。如果我们专注于言语以外的行动上，就会发现每个人对于"生命的意义"有着自己的独到见解，并由此显现出来与此相一致的观点、态度、行动、表达、怪癖、志向、习惯和性格特征等。每个人似乎都在按照自己对生命的独特解读而行事。他们先是暗自对世界和自身进行总结，然后再付诸行动。比如，他们会得出这样的论断："我是这样的，宇宙是那样的。"这些结论都是对自己和生命意义的一种认识。

芸芸众生对生命意义的解读各不相同。如前所述，每个意义的解读多少都存在错误。正是因为没有人知道绝对正确的生命意义为何物，所以任何对生命意义的解读都不是绝对错误的，只能说所有的解释都介于这两个极端之间。不过，我们可以从中看出哪些有效，哪些次之；哪些错误小些，哪些漏洞更大；那些合理的解释共同点在哪里，不尽如人意的解释弱点又是什么。我们可以借此明确一个共同的标准和意义，以便对人类社会进行诠释。与此同时，我们必须记住，这个标准只是相对于人类和人类的目的而言的，除此之外，没有任何其他真理存在。即使有另外的真理存在，我们对它也是一无所知，所以对人类而言并没有什么实际意义。

人生面临的三大问题

人们生活在三种制约之下，这一点必须引起我们的足够重视。这三种制约构成了人生的现实内容，同时给人们带来各种困扰。我们无法回避这些问题，所以不得不找出解决之道。经过探寻，我们就会明了人们各自对生命意义的解读究竟是什么。

我们别无选择，只能生活在地球这个小小的星球之上，这是我们面临的首要制约。地球既给人类提供赖以生存的资源，同时也带来了种种约束，人类必须尽其所能地与之实现共存。我们要想在这个星球存续并繁衍生息，就必须强健体魄，发展心智，直面这一挑战。我们的一切行动都表明了我们的生活状态，我们的思想通过这些活动体现出来，反映出我们的行事标准、追求目标和愿望。不管答案如何，我们都不能脱离这样一个事实，即：人们共同生活在地球上，都是人类的一分子。

无论是为了我们自己更美好的生活，还是为了整个人类的幸福，在我们思考人类的弱点以及由此带给我们的潜在危险时，都必须重新评估我们给出的答案。我们必须让这些答案既富有远见又彼此关联，就如同我们不得不求解的一道数学题，我们既不能对此漫不经心，也不可妄加猜测，而是要尽我们所能踏实研究，苦苦求解。虽然我们不可能找到一个绝对正确的答案，借此一劳永逸地确立一个标准，但是，我们还是要竭尽全力找到一个接近的答案，而且，还要一直坚持找到更好的答案。我们在追寻答案的过程中必须考虑到这一事实，即：我们受到地球的制约，它既能给我们带来福气，也会招致祸患。

人类受到的第二个制约是：我们自己不是唯一的人，除了我们自己，周围还有其他的人，人与人构成了庞杂的关系网。由于个体具有这样或那样的弱点和局限性，决定了我们不可能单枪匹马地实现自己的目标。如果把自己孤立起来，试图靠一己之力解决遇到的问题，结果只能是死路一条，不光无法自保，而且整个人类也无法存续，因此人与人之间必须团结一致。合作关系就是个人和整个人类幸福的最大保证，因此在关于生命问题的思考上，我们必须将这一制约考虑在内。我们应该想到，人与人彼此间相互联系，脱离了这种联系必会遭受毁灭的厄运。要想继续生存下去，就得让自己的情感与这个问题的目的相适应。个体生命和整个人类在地球上的存续与我们同伴的命运休戚相关。

人类受到的第三个制约是：人类由男女两性构成，这是维系个体和集体生活要考虑的事实。爱情和婚姻同属于这一制约的范畴，是人（无论男女）绕不开的问题。面对这种问题所采取的行动就是对这个问题做出的最好诠释。虽然人们采取的行动五花八门，因人而异，但都认为自己的解决之道才是最好的出路。

人类受到的这三大制约引发了三大问题：首先，如何在备受限制的地球家园里谋到一份赖以生存的职业；其次，在同伴中如何给自己找到恰当的定位，以便于展开合作，分享合作成果；第三，如何让自己适应这样一个要求，即：人类社会由两性构成，两性关系是人类得以存续的决定性因素。

个体心理学研究发现，人的一切问题无不跟职业、社交或性别相关。人们对这三大问题做出的反应明确无误地体现出他们各自对生命意义的不同诠释。比如有这样一个人，在我们眼中，他的爱情并不甜蜜，或者根本就是光棍一条，工作不积极，没什么朋友，觉得跟人打交道很辛苦，他刻意为自己的生活加上了各种条条框框。我们由此断定，生活对他而言，困难重重，危险丛生，成功的机会渺茫，失败却如影随形。他狭隘的活动空间使他内心抱有这样的想法："要想活着，就得保护自己远离伤害，只有将自己封闭起来，不和人交往，方能毫发无伤。"

我们还可以假设另外一个与之完全不同的人。他有着亲密的爱人，懂得谦让，工作业绩斐然，交友广泛，社交圈子广，办起事来如鱼得水。我们由此断定此人必定把人生看成一个富有创造性的过程，认为其中充满了成功的机会，即使遭受挫折也有机会东山再起。他这种直面生活的勇气可以被描述为：活着，就是要关注他人，要融入社会，要为整个人类的幸福贡献自己的绵薄之力。

社会情感

我们发现，对"生命的意义"的错误诠释和合理诠释存在一些共同之处。那些人生的输家，比如神经官能症患者、罪犯、酗酒者、问题儿童、自杀者、性变态和妓女，之所以败给了人生是因为他们缺乏感同身受的能力和社交兴趣。当他们遇到工作、友情和两性方面的问题时，根本不相信寻求和别人的合作才是解决之道，因此生命的意义被他们个体化了。但是个人成就无法让别人受益，他们所谓的成功其实只是实现了一种虚幻的个人优越感，这种成功只是对他们自己有意义。

　　举例来说，当杀人犯手持武器时，他们会觉得自己强大无比。事实上，他们是在给自己打气壮胆。我们都很清楚，单凭一件武器炫耀自己强大根本算不上什么本事。只对个人有意义的事其实根本毫无意义。只有与他人交流才有可能实现生命真正的意义，一个只对某个人有意义的词语，实际上也没有意义。我们的目的和为之采取的行动也是如此。如果它们真的具有意义，那就意味着对他人而言肯定也是有意义的。每个人都在苦苦追求生命的意义，但是如果认识不到对他人贡献的多少是衡量个人的价值标准，必定就会误入歧途。

　　有这样一个故事，故事的主人公是一个小教派的教主。有一天，她把教徒们召集到一起，告诉他们周三就是世界末日。教徒们大为震惊，立刻变卖家产，抛却一切世俗杂念，坐等灾难降临。然而周三却安然无恙地过去了，灾难并没有如期而至。于是第二天他们纷纷去教主那里讨说法。"看看你给我们惹了多大的乱子，"他们抱怨说，"我们抛弃了一切生活保障，见人就说周三是世界末日，即使遭到他们的嘲笑也没有丝毫的动摇，并且不厌其烦地强调消息来源确凿，但是周三如期而至，可世界末日却没有来啊。"预言家针对教徒们质问给出了回答："我说的周三可不是你们说那个周三啊。"照这么看，她是在把"周三"这个词的意义个人化，为自己辩解，从而狡猾地推脱了自己的责任。

这个故事说明了一个道理：个人化的意义是靠不住的。

所有对"生命的意义"做出的合理诠释有一个特点，那就是，它们都是大众化了的意义，也就是说，大家对此意义都能表示认同和接受。针对某些问题的一个有效解决办法应该能为他人所仿效，平常的问题都能用这个办法成功解决。即便是天才，其能力也不应该被视为高人一等，因为只有当个人生命的意义得到了他人的认可，我们才能称其为天才，而这个所谓的意义指的就是"对整个人类做出了贡献"。我们这么说并不是在鼓吹什么动机，我们关注的不是这些口号，而是具体的行为。凡是能成功解决问题的人都能把同胞利益放在首位，在试图脱离困境的过程中，能够充分而自觉地意识到，生命最本质的意义是关注他人的利益，寻求与他人的合作，所以其行为绝不会妨碍他人的幸福。

对他人有所贡献，关注他人利益，寻求与他人合作才是生命的意义，这对很多人而言是个崭新的观点，他们可能会对其正确性产生诸多的疑问。他们可能会这样问："个人利益怎么维护？要是总是牺牲个人利益，把他人的利益放在首位，个体利益受到损失怎么办？难道没有这样一些个例，为了寻求个人的适当发展，就必须首要考虑个人利益吗？难道不能有这样一些人，先学会张扬个性，保护自己的利益吗？"

这种想法大错特错，因为这些问题根本就是子虚乌有。如果人们认同上述观点，就能发自内心地希望为他人贡献自己的力量。如果他们一心想实现自己人生的目标，也会自然而然地选择那些最能体现自己贡献的方式奋斗。为了实现目标，他们会进行自我调整，培养自己的社会情感，通过实践不断地增强这种情感。人一旦目的明确，接下来自然就是有意识的训练了。那个时候，也只有那个时候，他们才开始解决生活中的种种难题，个人能力才能得到发展。以爱情和婚姻为例，如果很在意对方，我们必定会竭尽全力让对方的日子过得安逸舒适，丰富多彩，自然尽可能表现出最好的一面。反之，如果自认为必须封闭自己才能发展个性，没有一点为他人贡献的念头，最后只能落个飞扬跋扈、不受人待见的恶名。

我们还可以从中看到另外一点，即：生命的真正意义就是为他人做贡献，跟他人进行合作。如果能用心审视一下自己，就会发现我们从祖先那里继承的是什么。存留下来的无疑是他们对人类做出的贡献。农田、道路和建筑是他们留下的有形资产，而我们今天的传统、哲学、科学、艺术以及各种生活技巧这些无形资产也是他们积累下来的丰硕的生活经验。他们为人类社会的幸福做出了自己的贡献，将这些宝贵的资产世代相传。

那么，那些不跟别人合作，对生命的意义另有诠释，总是在问"我怎么样才能逃避生活"的人呢？可以这样说，他们不仅死了，而且活着的时候也没有体现什么价值。我们赖以生存的地球似乎会这样评价他们："你真没用，根本不配来世间走一遭。你的那些所谓的人生目标和奋斗历程，你自以为有价值的信条，你的私心杂念，统统都没有用处。请你滚开吧！你不是一个有价值的人。去死吧，马上消失！"总之一句话："你是个废物，没人需要你。滚！"当然，我们当前的文化也不全都尽如人意，这种局面需要改变，而改变本身就是对人类做出的更大贡献。

明白这个道理的总是大有人在。他们深知关注整个人类的命运才是生命的真谛，于是竭尽所能增加社会利益，奉献爱心。宗教是为了实现对人类的救赎，恰恰就是这一关注的具体体现。人们一直为增加社会利益而努力，有史以来爆发了很多大型的运动，宗教堪称其中最重大的形式。然而，人们常常会对宗教产生误解，认为宗教除了现在做的一些事外，很难有什么更大的作为。在科学方面，个体心理学也得出同样的结论，并提出一个科学的方法来实现它。我深信这算得上是个进步。科学会增加对人类的贡献，说不定它会比其他政治的或宗教的运动都更有作为。无论用何方式，对我们而言都是殊途同归，其目的都是为了让他人获得更多的利益。

我们已经对生命的意义做出了诠释，要么它是我们的保护神，要么就是索命鬼，因此我们必须弄清楚这些意义形成的原因和它们之间的差别，必须及时纠正某些认识上的错误以免铸成大错，而这些恰恰属于心理学的研究范畴。心理学、生理学以及生物学之间的区别在于：心理学可以帮助我们领会不同的意义，并且揭示这些不同的意义是如何左右人们的行为、塑造人类的未来。

童年经历的影响

我们在呱呱坠地后就开始了对生命意义的探索,甚至连婴儿都想搞清楚自己究竟有多大本事,所处地位如何。在儿童成长的前五个年头里,他们已经形成了一套统一固定的行为模式,这些行为模式体现了他们自己处理问题的独有方式,这就是他们的"人生态度"。此时他们已经对社会和个人发展有了深刻而影响深远的认识,他们开始用一种既定的模式来观察世界。但是由于缺乏社会阅历,他们需要有人对他们做出解释,这样孩子就有了对生命意义的最初理解。

即使这一意义出现了严重的错误,即使我们处理问题的错误方法导致了接二连三的不幸发生,我们也不准备放弃这些对人生意义的理解。只有当我们重新思考产生错误的原因,认识到错在哪里,并修正自己的认知模式后,才能纠正我们对人生意义的错误认识。在极个别的情况下,错误的方法造成的不良后果会迫使个人改变他们对人生意义原有的看法。他们有可能自觉采取正确的方式来解决问题。然而,如果不是承受一些社会压力,或者没有认识到继续我行我素只能自取灭亡,他们绝对不会主动寻求改变。通常情况下,只有在专业心理学人士的帮助下,他们才能找到错误的源头,提出一个更为恰当的看法,有效地纠正自己的错误,弄清楚生命的真正意义。

人们对童年的经历有着不同的看法,儿童时代的糟糕经历也有可能偏偏被赋予积极的意义，因此不同的人对生命的意义的看法有着巨大的差异。比如，一个没有美好的童年记忆的人，会想方设法让自己摆脱困境。他会这样想："我们必须努力摆脱不幸的状况，保证孩子拥有一个好的成长环境。"而另一个同病相怜的人却认为："太不公平了！总是别人占便宜。世界如此刻薄待我，我有必要善待这个世界吗？"有这种想法的家长总是这样说："我小时候吃了很多苦，我都能忍受，他们为什么不可以呢？"第三个人会说："我的童年太不幸了，所以无论我犯了什么错都情有可原。"他们对人生意义的不同诠释清楚地体现在不同行为中，除非他们改变了自己内心的看法，否则他们的行为永远不会改变。

人生经历本身不能决定事情成败，这正是个体心理学不同于决定论的观点。心灵的创伤带给我们的不一定都是折磨，恰恰相反，有时它却能助我们一臂之力。人生经历不能决定我们的命运，但是我们对这些经历的看法却能决定我们的成败。一旦我们认为某种特别的经历会决定我们的未来时，必定会对我们自己产生不同程度的误导。其实，环境不能决定人生的意义，我们对人生状况所抱有的想法才能决定命运。

身体缺陷

对人生意义的错误解读往往是由某些特定的童年经历造成的。大多数成年人之所以人生失败，就是因为他们有过不幸的童年经历，这些人中就包括一些在婴幼儿时期就疾病缠身或身体残疾的人。这些孩子经历了太多的磨难，要他们接受以天下为己任的人生意义恐怕有点勉为其难。除非同病相怜的人给予帮助，使他们走出自我狭小的圈子，将关注的目光投向周围的人，否则他们只会以自我为中心。如今，他们承受着同龄人怜悯的目光，也会遭受到讥笑，甚至排斥，这些往往会造成他们内向的性格。他们觉得这个世界让他蒙羞，所以根本不愿意为社会做贡献。

我可能是第一个指出身体有缺陷或内分泌异常的孩子所面临的困境。这一科学分支的确得到了很大的发展，但是跟我所期待的发展方向相去甚远。从一开始，我就一直在苦苦寻找走出这些困境的方式，而不是要找个理由证明他们这种状况应归罪于遗传因素或身体缺陷。患有身体缺陷并不意味着生活态度会畸形发展。对两个不同的孩子而言，内分泌对他们造成的影响都不尽相同。实际上，不乏这样一些孩子，他们迎难而上，在克服难关的过程中，培养出了一技之长，成长为社会的有用之才。

因此，个体心理学的这一观点不利于优生优育的宣传。那些成就斐然的人物对我们的文化做出了不可磨灭的贡献，其中很多精英人物生来就有某种身体缺陷，有的还在生前遭受了病痛折磨，英年早逝。但是这些身残志坚、人穷志高的勇士们，将勇气和智慧化作种种发明，推动着社会的发展。奋斗使他们力量倍增，如果他们没有奋斗精神，其人生必定不会达到如此高度。所以说，身体状况的好坏和心智发展的高低并不成正比。然而，迄今为止，那些生来就具有身体缺陷或内分泌异常的孩子，其中大多数都没有得到正确的训练。无人能理解他们的痛苦，他们因此而变得自我，迟迟不能走出身体缺陷带给他们的阴影，直接导致了未来人生的失败。

溺爱

　　受到溺爱的孩子也会对人生的意义做出错误的解读。由于过分受宠，他们成了家里说一不二的小皇帝。他们受到了太多的重视，也会因此渐渐觉得重视他是一件天经地义的事。一旦大家不再把他们作为关注的焦点，不把他们的感受太当回事的时候，他们往往就会感到失落，继而对这个世界充满了失望。由于他们一直都在索取，从不懂奉献，因此面对生活中的种种问题时总是感到束手无策。一向是别人给他们包办一切，因此他们没有自立能力，根本不知道自己可以做些什么。他们心里只有自己，从来就不懂合作的好处和必要性。当面对困境时，他们只有一个办法——要求别人为他们做这做那。他们觉得，只要重新得到重视，别人就不得不对他们实行特殊待遇，他们想要什么就给什么，这才是能改变他们窘况的杀手锏。

　　这些被宠坏的孩子长大后就有可能成为社会的危险分子。一些人根本听不进去善意的规劝，有的甚至可能装出一副讨好卖乖的样子，为的是把握机会、支配他人，但是一旦需要像常人那样进行合作完成某件事，他们就会原形毕露。还有另外一些人，由于儿时得到了过多温暖的呵护和默许，长大后当这一切都不再有的时候，他们就会感到被人亏待，觉得整个世界都在跟他作对，于是公开叫板，实施各种报复行为。他们本来就觉得自己受到了虐待，如果人生态度再遭到社会的反对（确实很有可能），就更加觉得世界对他们太刻薄。在这种情况下，企图用惩罚的手段来教育他们根本无济于事。相反，这些惩罚措施只能强化他们"每个人都在与我为敌"的思想。但是，不管这些被宠坏的孩子是拒绝合作也好，还是公开叫板也罢，靠示弱攫取人心也好，使用暴力报复社会也罢，根本原因还在于他们错误的人生观。更有甚者，有人还会"审时度势"，两种手段轮番轰炸，但目的始终没变。在他们的词典里，对生命意义的最重要的诠释就是：我天下第一，就是我要星星，也得有人去给我摘。只要他们不改变这种对生命意义的错误解读，必定一步步滑向失败的深渊。

忽视

第三种容易犯错的人是那些在孩提时被忽视的人。在没人关注的环境里长大的人不懂什么是爱和互助，这样的字眼绝对不会出现在他们人生的词典里。不难想象，一遇到生活中的难题，他们就会下意识地夸大其难度，不相信能在别人善意的帮助下渡过难关。他们在冷漠无情的环境中成长，认为这就是世界的真面目。更要命的是，他们不明白，一个有益于他人的人才能得到爱和尊重。他们不能相信别人，甚至连自己都无法相信。

实际上，任何经验都不能取代无私的感情。为人父母最重要的任务就是让孩子一出生就信赖他们。然后，父母必须将这种信任推及更大的范围，直至孩子们完全对他们的成长环境放心。如果做不到这一点，没能成功吸引孩子的注意力，激发他们内心的情感，唤起他们与人合作的热情，以后就很难培养起社交兴趣，也不会交朋友。对别人感兴趣的能力人皆有之，但是这种能力必须得到训练，否则发展必定受阻。

我们研究过一些极端的案例，主人公都曾是被忽视、遭人白眼、招人烦的孩子。我们从研究中发现，他们对合作没有任何概念，封闭自己，不跟人打交道，对一切人际交流全然不知。正如先前所述，这样的人活着没有什么意义。孩子之所以能平安度过婴幼儿期，是因为他们得到了一定的关心照顾，因此，从这方面来说，没有完全被忽视的孩子。我们所说的那些孩子，只是和一般的孩子相比，受到的关注少了些，或者是那些在某些方面被忽视的孩子，而在其他的方面则不尽然。简言之，我们有足够的理由认为，被忽视的孩子始终找不到一个值得信赖的"他人"。可悲的是，在我们的文明社会里，那么多人生输家中，要么是孤儿，要么是弃子，这些身世悲惨的孩子也应该属于被忽视的群体。

无论身体有缺陷，还是被溺爱，抑或被忽视，其中任何一种情况都能导致人们对人生意义做出错误诠释。他们要想找到解决问题的正确方法，就需要在别人的帮助下更好地理解生命的意义。如果我们能留意这类事情——实际上我想说，如果我们真正地关心他们，而且也受过这方面的培训——就应该能够根据他们的所作所为洞察他们对人生意义的诠释是什么。

梦境和早期记忆

　　一项关于梦和联想关系的调查发现：人在梦境中表现出来的个性特点跟清醒状态下没什么不同，只是在梦境里，人的压力比较小，因此会放松戒备，表现得更加坦诚。　然而，要解密个体对自身以及生命意义的理解，秘密武器就是进入他们的记忆库。一切记忆，不管多么琐碎，都非常重要，因为记忆代表着那些值得记住的过往。　当人在回忆往事时，那些记忆自然会对我们的人生产生影响。记忆会告诉我们，"这才是你想要的"，或者"你得躲开它"，甚至"这就是生活啊"！　我们必须再一次强调，具体体验铭刻在记忆里，日积月累升华成我们对生命意义的解读，这一点比体验本身意义更加重大。　因此可以说，每个记忆都是对人的一种有意识的暗示。　幼儿记忆最能够说明个体独有的生活方式何时形成，也能反映出他们最初的人生态度形成的环境。　早期记忆在两个方面意义重大：首先，它包含了个体对自己以及所处环境做出的基本的判断，是对他们自己的形象、较全面的个人特点和他人对自己的要求进行的综合概括；其次，幼儿记忆是人一生主观体验的起点，是他们为自己所写的自传的开篇。　我们经常会从幼儿记忆中发现一个巨大的反差，他们一心想变得强大，获得安全感，实际上感到的却是自己的弱小和无能为力。对心理学而言，个体最初记忆是否真的是他们所能记住的最早发生的事件，甚至是不是真事儿，都无关紧要。记忆的重要性在于它们再现了什么样的情景，会让人对生命持有何种见解，以及对现在和未来能产生多大的影响。

咱们不妨看几个有关早期记忆的例子，就能明白它们对生命意义的诠释有何影响。"咖啡壶从桌子上掉下来烫伤了我。"命不好啊！这个女人的一生就是以这种方式开头的。如果她时时感到无助，总是夸大生活中遇到的危险和难题，我们就不应该对此感到意外。如果她责怪别人对她不够关心，我们也不必感到大惊小怪——一定是曾经有人马马虎虎，把这么小的孩子置身于如此险境。另一个人的早期记忆里也有类似的情景："我记得三岁的时候从婴儿车里掉出来了。"这早期记忆让他反复做一个梦："世界末日就要到了，我在半夜醒来时，发现天空被烧得火红一片。星星纷纷从天空坠落，地球和另一个星球撞在一起。可是就在要爆炸之际，我被吓醒了。"但是当这位还是个学生的病人被问到害怕的事情是什么，他回答说："我害怕我的人生会失败。"显而易见，他的早期记忆和反复出现的梦魇都让他感到灰心丧气，面对失败和灾难充满了恐惧。

一个十二岁的男孩，不光患有遗尿症（尿床），而且总是跟母亲发生争执，他因此被带到诊所。他的早期记忆是这样的："妈妈认为我丢了，跑到路上大声叫我，她很害怕。其实我一直藏在家里的橱柜里呢。"这个记忆让我们认识到他对人生的理解："要想引起别人的注意，就得制造麻烦，欺骗能换来保护。

没人理我，但是我可以通过愚弄别人引起他们的注意。"遗尿症使他成为关注的焦点，而他母亲的焦急和慌张则让他对此更加深信不疑。

在这一个例子中，那个男孩很早就有了一种印象：外面的世界危险重重。于是他认定这是最好的办法，能确保在他需要的时候，时刻有人给予他保护。

下面是一位三十五岁的妇女的早期记忆："我在黑暗中上楼梯时，比我大一点的一个表兄打开门跟了过来。当时我怕极了。"可能就是这个记忆让她始终不愿意跟别的孩子一起玩，尤其在异性面前感到特别地不自在。我猜她一定是个独生女，果不其然。三十五岁的她依然还未嫁做他人妇。

从下面这个例子中，我们可以体会出另一种社会情感："我记得妈妈把小妹妹放在婴儿车里，让我推着。"我们可能从中感觉到她和比自己弱小的人在一起才会觉得自在，并且很依赖母亲。如果一个家庭的哥哥姐姐能够互帮互助，关注新出生的家庭成员，分担照顾他的责任，那是再好不过了。如果他们能成为父母的帮手来照顾新成员，就不会心生怨恨，责怪弟弟妹妹抢走了父母对他们的爱。

期待跟别人在一起并不一定表明真的对别人感兴趣。一个女孩在讲述她的早期记忆时这么说："我一直跟姐姐和另外两个女朋友玩。"我们从中当然能够看出她喜欢跟人交流合作。但是，当她说到自己最害怕的事是"独自一人待着"的时候，我们却产生了另外一个新的想法，她只是因为害怕孤单才愿意跟别人在一起的。

我们一旦明白了一个人对生命意义的认识，就掌握了了解他个性的金钥匙。总有人说性格是天生的，不可改变，那是因为他们没找到改变个性的关键。如前所述，找不到错误的根源，任何说教或治疗方法都不可能成功。学会与人合作，勇敢面对，才是他们改变现状的唯一出路。

培养合作精神的重要性

培养合作精神是预防神经性疾病的唯一办法。因此在日常生活或游戏中，培养和鼓励孩子们的合作精神，让他们学会跟同龄人如何相处，是一件很重要的事。任何不利于合作精神的障碍都会带来不良的后果。比如，被溺爱的孩子只知道以自我为中心，即使走进学校也不会关注别人的利益。如果他们对功课感兴趣，唯一的原因就是想借此赢得老师的好感。他们只学习自认为对自己有利的课程。等他们成年后，缺乏社会情感的弱点会表现得越来越明显，原因就是他们当初对生命的意义产生了错误的解读。自那时起，他们的责任感和独立性就停止了发展，所以，到现在，他们才无力承受生活的种种考验，在困难面前束手无策。

即便如此，我们也不能将孩子童年的错误归罪于成年人。

只有当孩子们开始犯错时，我们才能给予有效的治疗。我们知道，从未上过地理课的人在地理知识测验中是不可能拿到高分的。同理，如果一个孩子从未接受过合作精神的培训，怎么能要求他在活动中体现出合作意识呢？话说回来，人生中哪有单枪匹马就能解决的问题呢？在人类社会发展的前提下，一切活动都是为了增加社会的利益。只有那些视奉献为生命真谛的人才能勇往直前，才能赢得更大的成功。

如果老师、家长和心理学家们能够认识到这些孩子对生命意义最初的错误解读，并且他们自己又没犯过同样的错误，我们就有理由相信，即便这些孩子早期缺乏社会情感，但是经过疏导，个人能力也会得到较好的发展，成功的可能性也会随之增加。困难面前，他们不会轻言放弃；责任面前，他们不会投机取巧，也不会逃避或相互推诿；他们不会要求特殊照顾，也不会因羞辱而报复他人；他们不会问："活着有什么用啊？它能给我什么？"他们反而会说："我们必须自食其力，这是我们的责任，我们能行。我们要做自己行动的主人，只有我们才能除旧迎新。"如果以这种理念指导人生，人类既能做到独立自主，又懂得合作互助，那么人类文明的发展必将前途无量。

第二章　精神和肉体

精神和肉体彼此间的相互作用

　　人们对于精神和肉体谁决定谁的问题一直争论不休。哲学家们也加入了论战，亮出了这样那样的观点。虽然唯心主义者和唯物主义者对这一问题进行了大量的论证，但依旧无果。或许个体心理学家能够找到其中的答案，因为个体心理学才真正关注日常生活中精神和肉体之间的相互作用。那些向我们求助的患者，既有精神的又有肉体的问题。如果我们的治疗方法错误，就无法向其提供有效的帮助。因此，我们的理论必须从经验中来，而且要经受住实践的考验。我们需要面对它们由于相互作用而带来的种种后果，并由此形成正确的观点。

　　个体心理学的发现让这一难题的解决有了些许眉目，它不再是简单的绝对否定或绝对肯定的问题了。肉体和精神都是生命的表达形式，共同构成了生命这一整体，它们之间是互惠互利的关系。人的生命在于运动，对人而言，仅仅四肢发达是不够的，因为运动受到精神的支配。植物都是根植于某处，自己无法移动，因此，如果发现一种植物具有了精神，不管是哪种精神，都会引起我们的诧异。即使某种植物具有预见性，这种能力对它而言也毫无意义。如果它想，"有人要来了，马上就会把我踩得粉碎。"但这又有什么用呢？身为植物，它又不可能躲避践踏。

一切具备活动能力的生物，都有预见性，并且能审时度势地做出决定，这就意味着他们具有精神或者灵魂。

> 你当然是想好了
> 否则是不会采取行动的。
>
> （《哈姆雷特》第三幕第四场）

这种能够预见并采取相应行动的能力就是精神的核心力量。只有认识到这一点，我们才能明白精神是如何支配身体的——精神为活动设定目标。漫无目的重复一个活动没有什么用，必须得有特定目标。既然精神为活动定下目标，因此精神具有控制力。然而，身体对精神也会产生影响，毕竟活动要靠身体来完成。只有在身体条件允许的情况下，精神才能指挥身体的活动。比如，我们想要去月球，除非能利用某种技术克服身体的局限，否则就是痴心妄想。

和其他生物相比，人类的活动更多，不仅方式多样——从复杂的手部运动中即可窥见一斑——而且对周围环境的影响更大。因此，我们可以期待，人类的预见力将会得到高度发展，必然能够通过有目的的奋斗来改善自己的状况。

此外，我们发现，在每个人为实现具体目标进行的具体活动的背后，都有一个单一的、囊括一切具体活动的活动。人类的一切努力都是为了获得安全感，克服人生中遇到的一切难题才能最终获得安全，成为胜者。为了实现这个目标，精神必须全力以赴，使一切活动和表现相互配合，步调一致。

身体也是一样，也会努力做到协调一致。我们的身体早在娘胎里时，就开始向着理想的状态发育。比如，皮肤受了伤后会自愈。然而，身体并不是在孤军作战，它在精神的帮助下开发自身潜力。锻炼、训练和卫生对身体发育的重要性已经得到了充分的证明，它们促进了身体发育，促成身体最理想状态的形成。

这种协作关系伴随着生命体最初的形成而形成，继而贯穿个体成长发育的整个过程，至死方休。肉体和精神相互协作，合二为一，不可分割。精神就是人体的发动机，竭力挖掘身体的各种潜能，为肉体筑起固若金汤的安全堡垒。身体的一切活动，表达形式和症状表现无一不打上了精神意志的烙印。人体的每个活动都是有意义的。人类活动眼珠、舌头和脸部肌肉做出的种种表情都有特定意义，这都是精神的功劳。如今我们开始明白心理学，或者说是精神科学，真正研究的是什么了。心理学的目的就是探索个体一切表达形式的意义，揭示其终极目标，并且把它跟他人的目标加以对比。

为了获得安全感这一终极目标，精神必须努力把这一目标具体化，需要琢磨在哪里可以获得安全，怎么样才能实现。当然，在这样的探寻过程中，很有可能走错路，但是，如果没有明确的目标和方向,根本就谈不到行动。要是我们动动手,心里一定已经想好了要干什么。精神选择的方向可能会导致失败,但是当初精神在做出这一"错误"的抉择时,肯定认为它是最佳选择。因此,心理学家所犯的错误都是因为选择方向错误导致的。安全是人类共同追逐的目标,但是究竟去何处寻觅,很多心理学家因为对此问题所持有的错误观点而使研究误入歧途。

如果我们对一种表现或者症状无法理解,最好的办法就是首先将它看成一个单纯的身体活动。就拿偷窃行为做例子来说吧,偷东西这一行为指的是把属于别人的东西拿过来,占为己有。我们来分析一下这一行为的目的:偷窃的目的就是让自己变得富有,通过占有更多的财产让自己获得更大的安全感。因此,产生这一行为的原因是偷窃者的生活困顿,物资缺乏。下一步需要清楚偷窃者的生存状况是什么,为什么会有物资缺乏的感觉,通过分析,我们最终就能断定他们是否能做到"君子爱财,取之有道"。我们大可不必对其目的横加指责,但是可以指出的是,他们实现这一目的的方法是错误的。

正如第一章所讲,在四五岁之前,个体就具有了统一的思维,建立了精神和肉体之间的合作关系。在此期间,他们凭借先天从父辈那里遗传而来的特质和后天对环境的认识,谋求更好的发展。人的个性在六岁前已经形成,他们对生命意义的解读、生活目标、人生态度以及情绪倾向都已定型。人的个性在以后的岁月里不是不能改变,但前提是,他们必须放弃童年时期所形成的对人生错误的态度。他们先前的想法和行为都与其人生观相一致，现在他们新产生的想法和行为必须符合自己对生命意义做出的新解读。

人正是通过感知才与环境发生了接触，进而形成了对它的印象。因此，我们从人采取的身体训练方式中可以看出，他们准备对环境形成何种印象，他们的体验又会产生什么作用。如果我们注意他们观察和倾听的方式，看看能引起他们注意的事物是什么，就会对他们有更多的了解。因此，人的姿态非常重要，从中我们能够了解个体是如何训练自己的感官，又是如何凭借感觉对周围事物留下印象的。因此，每个姿态都有着特定的意义。

这时我们就可以对心理学的定义加以补充，即：心理学旨在研究个体对身体所接收到的感官印象所形成的态度。从中我们也能发现人与人的思想之间存在着巨大的鸿沟。如果不能很好地适应周围的环境，身体将很难达到环境的要求，因此它将成为精神发展的一大累赘。正是基于这个原因，那些身体具有先天缺陷的孩子思维发展也比较缓慢。在向更高等的发展过程中，他们的精神很难控制他们的身体。所以对他们而言，需要精神上更大的努力，同时需要更强的专注力，才能完成健全人所能完成的任务。由于思想负担过重，他们只关注个人利益，变得自私自利。如果孩子们总是纠结于自身的生理缺陷和行动不便，就不可能关注自身以外的世界。他们既没时间，也没能力去关心他人。因此，在这种情况下成长起来的孩子必定缺乏社会情感和合作意识。

身体缺陷会带来生活中的许多不便，但是这些不便绝不是无法克服的。如果这些具有身体缺陷的人思想上积极主动，行动上踏实肯干，就能克服这些障碍。他们经过努力，也能取得正常人的成就。实际上，和那些具有先天优势的健全人相比，有身体缺陷的人反而会取得更多的成就。比如，一个男孩因为视觉缺陷而饱受折磨，压力很大。看东西时，他要比那些视力好的孩子更专注，更用心，要更关注事物颜色和形状的不同。到头来，和那些从不需要费劲就能看清事物的孩子相比，他对眼中的世界具有更高的欣赏力。这么看来，只要能运用精神的力量弥补身体缺陷，那么身体缺陷反倒会转化成自身的优势，身体缺陷就不再是缺陷了。

众所周知，很多的画家和诗人都曾有视觉缺陷。但是，在得到良好的训练后，他们最终克服了这些困难，更懂得怎样更好地加以利用。或许，从那些左撇子孩子身上，我们会容易明白这个道理。左撇子儿童被认为是不正常的，因此，不论是在家，还是在上学之初，都会被要求练习使用不灵活的右手。他们在书写、绘画或做手工方面都表现得不够熟练。但是我们可以相信，如果依靠精神的力量来克服这些困难，不灵活的右手常常能变成巧手。事实的确如此，很多例子告诉我们，和正常使用右手的人相比，那些左撇子书写水平可能会更高，在绘画上显示出更多的天分，在手工艺方面技术也更娴熟。他们找到了正确的方法，积极地接受训练，不断地进行实践，最终将自身的劣势转化成了优势。

那些不以自我为中心的人渴望为人类社会做贡献。也只有这样的人才能成功地弥补自身的缺陷，实现从劣势向优势的转变。如果他们只是一味地逃避，永远会是落后分子。只有在思想上树立了奋斗目标，而且这一目标的实现比克服生活障碍这些拦路虎意义更为重大，他们才能继续保持昂扬的斗志。

这是一个关于注意力和兴趣的问题。如果他们不是为了自己而努力，而是为了实现既定目标，他们自然会训练和武装自己。在他们眼里，困难仅仅只是成功之路上需要清除的障碍而已。如果他们只是为了解放自己而强调自身的缺陷，或努力想摆脱这些缺陷的束缚，就不可能取得真正的进步。假设右手不灵活，要是一门心思只想着这件事，希望它能变得灵活些，甚至避免使用右手，那么想要这只右手变得灵活只能是痴人说梦。内心感受更强烈的应该是想要变得更好的动机，而不是对现状怀有的沮丧情绪。只要通过大量的实践活动，笨拙的右手一定能变灵活。如果孩子们施展他们的能力，克服困难，行动的目的就一定不是为了自己。这一目的必然关注现实，关心他人，懂得互助。

我对患有遗传性肾管缺陷家族的研究可以证明先天缺陷是可以弥补的。这些家庭的很多孩子都患有遗尿症。这种身体缺陷是遗传所致，可能会表现为肾脏、膀胱或脊柱分裂方面的问题，而且从腰部的痣和胎记上也显示出这一缺陷的存在。但是，这种身体缺陷绝对不是发生遗尿症的唯一原因。孩子们并不完全听凭器官的摆布，他们也有一定的主动权。比如，有些孩子只在夜里尿床，白天则不会尿裤子。有时候，伴随着环境的改变或父母态度的转变，这一症状可能会突然消失。如果患有遗尿症的孩子不再利用自己的缺陷去做不应该做的事，他的病症就有可能自愈。

由于受到外界刺激，尿床的孩子大多数都不愿改掉毛病，会一直尿床。有经验的家长会对他们进行适当的训练，但是如果父母缺乏经验，孩子可能就改不掉尿床的毛病。一般说来，那些患有肾病或膀胱疾病的孩子，任何跟撒尿有关的事都会让他们精神高度紧张，家长也想尽办法控制他们尿床。如果孩子觉察到了尿床这件事能对他们有好处，就不会配合。对他们而言，这可是一个公开叫板的绝好的机会。不配合父母进行训练的孩子，其实是在利用父母的弱点向他们发动攻击。

一位著名的德国社会学家经研究得出一个惊人的发现，相当一部分罪犯的父母所从事的职业都跟抵制犯罪有关，比如法官、警察或是监狱看守，而教师的孩子学业通常都不尽如人意。我自己的研究也在验证这一点。我发现患有精神疾病的儿童中，相当一部分患者的家长是从事心理学研究的，也有很多堕落分子来自牧师家庭。同样的道理，由于父母对孩子撒尿过分关注，那些尿床的孩子反倒认为尿床是他们由着性子表现自我的大好机会。

想要明白梦境是如何调动人的情绪，使之跟下一步的行动合拍，遗尿症病例就是一个现成的例子。那些经常在夜间尿床的孩子通常会梦到自己起床去了卫生间。他们以此为借口为自己开脱，这样，别人对他的尿床行为就无可指责了。尿床的原因有几个：引起注意、控制别人或是为了获得他人一刻不停的关注。有时尿床也是用来对抗他人的手段。这种坏毛病实际上就是一种宣战。无论我们怎么想，尿床显然算得上是一种创意表达：孩子们是在用膀胱，而不是嘴巴，来表达意愿。身体的缺陷成了他们自我表达的理由。

爱尿床的孩子精神比较紧张。他们原本是父母的宠儿，在溺爱中长大，后来不再是父母的焦点。随着另外一个孩子的降生，他们可能发现自己再也不能引起父母的关注，因此他们通过尿床尝试着跟父母建立更为亲密的联系，甚至会采取其他令人不快的方式。实际上，他们是通过这样的方式向父母宣称："我不像你们想象的那样长大了，我仍然需要你们的照顾。"

为了得到父母的关注，具有不同身体缺陷的孩子，在不同的情况下采取的方式也不尽相同。比如，他们可能利用声音引起父母的注意，夜里会发出不安的啼哭。有些孩子梦游，做噩梦，从床上掉下来，或者口渴要喝水。这一切表现背后的心理原因都是一样，而不同的症状表现部分取决于孩子的身体状况，部分由周围环境决定。

这些病例非常清楚地表明精神对肉体的影响。精神不仅能引起具体的病症，而且还左右着整个身体的发育。我们并没有充分的论据直接证明这一观点，也很难断言能不能找到这样的论据，然而，事实似乎已经足够清楚。如果一个孩子很胆小，他的胆怯性格就体现在身体发育的整个过程之中。他不关心身体发育，甚至，他都没有想象过自己有一天可以长成什么样。因此，他不会采取有效的方式锻炼身体。不管外界有什么能刺激他的肌肉发育，他都置之不理。别的孩子对身体锻炼饶有兴趣，而这个胆小的孩子却完全对此不感兴趣，相比之下，爱锻炼的孩子的身体会更加健美。

综合以上的观察，我们得到这样一个结论：精神影响着身形和整个身体的发育，而身形和身体的发育情况又反映出了精神存在的缺陷。由于存在着精神上和情绪上的问题，个体找不到令人满意的办法来弥补身体缺陷，身体没有得到良好的发育，这种情况在生活中比比皆是。比如，在四五岁之前，孩子的内分泌腺的发育都会受到影响。虽然内分泌不足不会对身体产生强制作用，但这一缺陷会继续受到整个外部环境、孩子感知世界的方式以及他们创造性的精神活动的影响。

情感作用

人随着生活环境做出的改变被定义为"文化"。精神作用于人体，产生种种行为后果，人类由此便拥有了文化。精神激励我们采取行动，直接促进身体的发育，因此人的一切活动都具有目的性。然而，精神的作用并不是万能的。要克服困难，健康的体魄至关重要。因此，精神左右着周围的环境，保护着肉体远离疾病、死亡、伤害、意外以及功能失调的困扰，使我们拥有了快乐和痛苦的感受、丰富的想象力以及辨别能力。

第二章 精神和肉体

有了情感，肉体就能对不同情况做出相应的反应。幻想和识别都是对未来做出预测的方式，但其意义不止于此，它们唤起了某种情感，引导身体做出相应反应。因此，情感来自个体对生命意义的理解以及他们各自的奋斗目标。在很大程度上，情感控制着身体，但并不依赖于身体，情感主要是由个体的奋斗目标和相应的人生态度决定的。

个体的人生态度不是决定他们行为的唯一因素。如果没有其他的因素，单单人生态度无法产生行动。为了让人行动起来，它需要情感的大力支持。个体心理学出现了一个新的观点：我们的观察表明，情感和人生态度并不矛盾，而是总是与奋斗目标相一致。这个观点超越了生理学和生物学的范畴。化学理论无法解释情感的起源，而化学实验也不能预测情感。虽然个体心理学必须以生理学为基础，但是我们更感兴趣的是心理目标。比如在焦虑这一问题上，我们更多关注的是为达到什么目的而焦虑，而不是焦虑对交感神经和副交感神经会产生何种影响。

这一研究理论认为焦虑产生的原因不是性压抑，也不是难产留下的心理阴影，这些说法都不靠谱。我们都知道，在家人无微不至的呵护中成长的孩子会发现，任何原因的焦虑都能有效地控制父母，引起他们的关注。经验告诉我们，愤怒可以控制住某个人或掌控住某种局面。我们认为身体特点和性格特征都来自遗传，在实现最终目标的努力过程中，我们必须关注遗传能起到的作用。从这个方面说，它似乎才是真正的心理学方法。

我们看到，个体的情感产生和发展方向及程度一定跟他们个人的奋斗目标相适应。焦虑不安也罢，勇气满满也好，悲伤也罢，快乐也好，这些感受都和他们的人生态度相一致，他们的各种表现方式也在我们的意料之中。如果在成功的道路上充满了痛苦，那么成就并不能带给他们喜悦和满足。只有苦痛才能带给他们快乐！我们还注意到情感的出现和消失都是任由人摆布的。患有陌生环境恐惧症的人在家里或者处于主导地位时症状就会消失。神经症患者排斥的都是那些自认为无法操控的人生的方方面面。

情感跟人的人生态度一样是一成不变的。比如胆小之人，无论他在弱者面前表现得多么傲慢，也不管在他人的保护下显示出多么地勇敢，他终究改变不了胆小的个性。尽管口口声声说自己很勇敢，但还是会给门上三把锁，养只看门狗，安装防贼警报器。可能原来没人能够看出他们内心的焦虑，但是他们不怕麻烦给自己设置的重重保护却泄露了其胆小的秘密。

性欲和爱情也与此相似。当个人有了性目标时，就会产生性感受。他们将注意力集中在性目标上，对其他人没有丝毫兴趣，性器官的感觉和机能也由此被唤起。当这种感觉和机能消失后，就会出现所谓的阳痿、早泄、性冷淡和性变态等问题。这就清楚地表明他们根本不愿意放弃那些不健康的爱好。这些情况往往是由于错误的优越感和人生态度造成的。我们可以从中发现这些人都非常期望得到别人的体贴关心，而不是为对方着想。他们都是缺乏社会情感、缺乏勇气的悲观主义者。

第二章 精神和肉体

我有个患者，是家里的次子，他深受负罪感的折磨，始终不得解脱。他的父亲和哥哥都很看重诚实。这个孩子七岁的时候，他的哥哥代他完成了一次家庭作业，而他却向老师隐瞒了实情。三年以来，这个孩子都对此事耿耿于怀，后来，他把实情告诉了老师，遭到了老师的调侃。当他把这件事告诉父亲时，他的父亲为儿子的诚实感到高兴。他表扬了儿子，还好言好语地安慰他。尽管得到了父亲的原谅，他依然沮丧不已。我们不得不认为，他只是犯了这么一个小小的错误，心里就这么过不去，他只是想证明自己是个诚实认真的人。他的家人都具备较高的道德水平，他受到影响，所以特别看重正直这一人格。在学业和社交方面，跟他哥哥相比，他总是感到自愧不如，因此他竭力想通过别的办法表现出自己的优势。

再后来，他又因其他的事而自责。他经常手淫，一直也没改掉在学校作弊的毛病。尤其在考试之前，他的负罪感更为强烈。他的情况越来越糟糕。由于太敏感，他比哥哥的思想负担更重。每当他表现得不如哥哥时，都会以此为借口为自己开脱。大学毕业后，他打算干些技术活，可是他的负罪感发展成了一种强迫症，他终日向上帝祷告乞求宽恕，根本没有时间工作。

如今，他的精神状态恶化，被送进了精神病院，医院认为治愈他的希望渺茫。但是过了一段时间后，他的情况却出现了好转，出院时医生告诉他，如果需要可以再回来。他辞去了原来的工作，转而研究艺术史。考试来临之前的一个公休日，他去了教堂，在集会的教徒面前扑倒在地，大声哭喊着："我罪孽深

33

重啊!"就这样,他的内心再一次变得脆弱起来。

又住了一段时间的医院后,他回到了家里。有一天,他竟然光着身子下楼去吃午饭。他身材很好,在这一点上,他的哥哥和其他人都比不上他。

负罪感能让他觉得自己比别人更诚实些,他要通过这一方式努力表现出自己的优势。然而,他的努力方向发生了偏差。他对考试和工作的逃避态度说明了他畏畏缩缩,缺乏自信。他对于自己觉得不能胜任的事情有意排斥,由此患上了恐惧症。无论是在教堂里自贬身价,还是在餐厅里戏剧性的出现,都是他借此表现自己的优势。这些行为跟他的人生态度自成一体,而引发的情感又完全跟个人目的相吻合。

还有些生活中更为常见的例子能够更加清楚地证明精神对肉体产生的影响。它导致身体暂时出现某种状况。事实上,从某种程度上说,每种情感都能通过身体的动作表现出来。个体表达抽象情感的方式都是具体可见的。体态、态度、面部表情以及四肢的抖动都是情感的表达方式。器官其实也在发生着类似的变化。脸色变得赤红或苍白都表明血液循环受到了影响。愤怒、焦虑、悲伤以及其他所有的情感都能通过身体语言得以表达。身体语言因人而异。

遇到让人害怕的事,有的人会身体颤抖,毛发竖起,出现心悸;有的人流冷汗,气短胸闷,讲起话来声音沙哑,或者身体蜷缩或退后;有的人身体会失去平衡,或者表现为食欲不振、恶心呕吐。恐惧还可能会影响到某些人的膀胱或性器官。比如考试会引起一些孩子的性亢奋。 我们看到许多罪犯在实施犯罪后，常常去找妓女或情人发泄。 在科学领域，我们发现一些心理学家认为性欲和焦虑共生，另一些则认为两者风马牛不相及。 这些观点都是从个人体验中得出的主观看法，所以有人认为两者有联系，而有人则不然。

这些身体反应因人而异。 有研究认为从某种程度上来讲，这些反应都是遗传所致。 这些身体反应常常能够折射出某个家族的弱点和特性。 这个家族的其他成员在一定的情况下，也会做出类似的身体反应。 最重要的是，我们还能够通过情感表达来了解精神是如何对身体发挥作用的。

情感以及其借助身体表达的方式揭示了精神如何依据对环境的判断做出应对。 比如，人们发脾气是想尽可能快地摆脱困难。 对他们而言，殴打、辱骂或攻击他人似乎才是解决问题最好的办法。 怒气反过来会对器官产生影响，它会调动器官使之变得紧张。 有人生气时会感到胃疼，或者脸变得通红，愤怒使他们血液加速流动甚至于会引发头痛。 有些人总是压抑心头的怒火，或者对羞辱忍气吞声。 这种人很容易患上偏头痛或者习惯性头痛。 还有些人因愤怒而引发三叉神经痛或癫痫发作。

情感是如何对身体产生作用的，至今我们尚不能完全明了这一点，也许永远都不可能了解透彻。 精神紧张程度对自主神经系统和非自主神经系统都会产生影响。 只要精神紧张，自主神经系统就会行动起来，比如敲桌子、咬嘴唇或撕纸。 紧张感让人不由自主地做出一些动作。 一些人感到自己受到威胁时，为了缓解紧张情绪，可能会咬铅笔头或手指甲。身处陌生人当中，有人会感到脸红、发抖甚至抽搐。其实这些表现也是由于焦虑和紧张引起的。在非自主神经系统的协助下，紧张感传导至全身。任何一种情感都会让身体紧张起来，而紧张并不像这些列举的例子一样都表现得那样分明。我们这里所讲到的都是跟神经紧张相关的一些明显的症状表现。

如果我们继续深究，就会发现身体的每个部分都跟情感表达密切相关。情感的表达是精神和身体相互作用的结果。精神和身体是我们所关注整体的两个组成部分，因此它们相互之间互惠互利的作用非常重要。

从以上列举事实看，我们可以得出如下结论：个体的人生态度和相应的情感因素对身体发育有着持续的影响。如果孩子的性格和人生态度在早年就已形成，我们依据丰富的经验就能预测出他们以后的身体发展状况、人生态度会对身体产生的影响。勇敢的人往往体型健美，肌肉结实，身形挺拔。态度对身体的发育有着重大影响，这也是让肌肉更健美的一个原因吧。勇敢的人面部表情和整个容貌特征，甚至连头盖骨发育最终也都会受到影响，变得与众不同。

现在，我们已经确信精神能对大脑活动产生影响。病理学上就有这样的例子：一个人因为大脑左半球受伤失去了读写能力，但是他的大脑其他部分接受一定训练后，得到新的开发，他又重新获得读写能力。此种情况也常发生在中风病人身上。虽然他们大脑受损部分的功能无法恢复，但是大脑其他部分可以弥补这些损失。这一事实尤为重要，它证明了个体心理学可以被应用在教育领域。如果精神确实对大脑具有如此大的影响，如果大脑只是产生精神的工具——而且是最重要的唯一的工具——那么我们就一定能够有办法促进它的发育和完善。这样，就不会有人一辈子都受到大脑缺陷的束缚，因为我们可以找到训练大脑的方法，帮助人们更好地生活。

如果目标方向错误，比如说，合作能力没能得到良好的培养，那么精神就不能对大脑发挥积极的作用。正是基于这个原因，很多没有合作意识的孩子长大以后，智商不高，理解力差。人生态度在四五岁时就形成了，我们通过他们的行为能够看出来，也很清楚他们对人生意义的认识和世界观，因此我们可以发现他们在合作中遭遇到的困难，进而帮助他们纠正错误。个体心理学在这方面的研究已经迈出了第一步。

精神特征和身体特征

很多作家都曾指出了精神表现和身体表现之间存在一种固定不变的关系，但是还没有人试图找出两者之间存在着怎样的连带或因果关系。比如，克雷齐默尔（Kretschmer）描述了如何通过研究一个人的身体特征来发现相对应的精神和情感特征。他也依据身体特征对它们加以区别归类。比如，矮胖型的人都是脸圆、鼻子短、肥胖——就像莎士比亚作品《裘力斯·恺撒》中描述的那样：

> 我愿意身旁被胖子环绕，肥头大耳，能吃能睡。
>
> （《裘力斯·恺撒》第一幕第二场）

虽然克雷齐默尔将具体的精神特征和这样一种外形联系在一起，但是并未清楚地阐释这种联系产生的原因。在当今这个时代，拥有这种外形并不是什么缺点，他们的体型为大众所接受。他们觉得自己的身体健康、力气大、从容不迫，打斗起来颇有底气，然而，他们却不会跟别人和社会作对。一个心理学流派将其称为外向型人，但并未对此做出任何解释。我们也觉得他们是外向型人，因为他们不会对自己的身体感到焦虑。

相对于外向型人，克雷齐默尔还将一些人划归精神分裂型，他们要不个子很小，要不就是个子特高、长鼻子、蛋形头。克雷齐默尔认为，这种外形的人拘谨内向。如果他们的精神受到刺激，极易患上精神分裂症。也正如《裘力斯·恺撒》里所说：

> 卡修斯面黄肌瘦；
> 一定是心机过重；他是个危险人物。
>
> （《裘力斯·恺撒》第一幕第二场）

这种类型的人受到身体缺陷的折磨，变得越来越自私，越来越悲观内向。当他们的求助遭遇冷眼时,他们会感到痛苦,进而变得多疑。但是我们也发现很多相混杂的类型,甚至矮胖型人也有可能具有精神分裂型所具有的精神特征,克雷齐默尔也承认这一点。如果为环境所逼,他们的精神会逐渐分裂,人变得胆怯和沮丧起来。如果他们一再受挫,失去自信,成年之后就可能变成精神病患者。

借助多年的经验,我们就能够从这些方方面面的表现中看出一个人合作能力的大小。要想了解一个人合作能力的大小,必须在摸索中寻找答案。合作能力对我们来说必不可少,我们凭直觉也感受到了怎样才能让自己更好地融入这纷杂的世界。我们也同样看到,在动荡的历史面前,人类的精神早已经认识到了变革的必要性,因此全力以赴勇往直前。但是,只要努力还纯粹停留在本能的层面,错误就在所难免。人们总是不愿接受那些身体特征异常的人,远离面部有缺陷和身体畸形的人。不知什么原因,人们总觉得无法跟他们合作。这是错误的认识,但也可能跟他们以前有过失败的合作有关。他们可能还没有找到跟这些人进行合作的恰当方式,因此他们的缺陷被放大,自然就成为偏见的受害者。

现在让我们来简单梳理一下整个观点。四五岁之前孩子的奋斗目标就已统一,精神和身体之间的基本关系确立。人生态度形成并固定下来,相应的情感和身体特征也由此形成。此时,不同程度的合作能力得以培养,合作能力的大小能帮助我们了解个体,并对他做出评价。比如,所有失败的人都有一个共同点：合作能力差。现在我们可以给心理学再下一个定义：心理学旨在理解个体合作能力方面存在的不足。既然精神被视作一个单位，一切精神表现形式都反映了同样的人生态度，因此个体的情感和思想都必须与他们各自的人生态度保持一致。如果情感明显出了问题，跟个体自身的利益背道而驰，想直接改变这些情感的作为都是无济于事的，因为它们是个体人生态度的真实表达，只有当个体的人生态度发生改变，情感才能得到彻底的改变。

个体心理学在教育和治疗方面给了我们特别的启示。我们绝对不能针对某个具体症状或个性的某方面进行治疗。我们必须找到病人错误的人生选择，他们对个人经历和生命意义的错误解读，对周围环境的错误认识。这才是心理学真正要研究的对象。心理学治疗不是拿针扎孩子看看他能蹦多高，也不是胳肢他们看看笑声响不响。但是这些行为在现代心理学中司空见惯。实事求是地讲，他们可能会涉及一点个体的心理，但是最多也就能说明人所形成的某一种人生态度是怎样的。

人生态度是心理学真正的研究对象和内容，而那些另有其他研究对象的心理学主要是专注于生理学或生物学的问题。这些方面比较适合那些研究刺激与反应、创伤或可怕经历的影响、与生俱来的能力及其发展过程的心理学家们。但是，个体心理学研究的只是人的精神，我们想要了解的是个体对世界及个人的看法、他们的目的和努力方向以及人生态度。迄今为止，要想了解一个人，最好的办法就是看他的合作能力究竟如何。

第三章　自卑感和优越感

自卑情结

"自卑情结"是个体心理学家最重大的发现之一，这一心理学术语已经世人皆知。所有心理学流派都接受和使用这一术语。但是，他们是否对这个术语的含义完全理解或恰当使用，我对此并无把握。比如，有的医生告诉病人某些症状产生的缘由实际上是自卑情结在作怪，这样做实际上毫无益处。这只会强化病人的自卑感，却没有给出治愈良方。我们必须看出病人对什么缺乏自信，才能鼓励他们在这些方面树立信心。

所有神经官能症患者都有一种自卑情结。他们的心灵受到困扰，常常觉得生活没有意义，也没有自信。一个病情诊断不会对他们起到什么作用。如果我们对患者说："你有自卑情结。"这就正如我们对一个头疼病人说："我来告诉你问题出在哪里，你的头疼了。"这根本起不到任何的鼓励作用。

很多患者在被问到是否感到自卑时，往往会对此加以否认。

甚至有的还会说:"恰恰相反,我觉得别人都不如我。"所以我们根本不需要问此类的问题,只要观察他们的一举一动,就会发现他们其实是在玩弄心思,想让自己感觉更好些。比如遇到一个傲慢的人时,他可能会这样想,"别人可能会看不起我,我必须让自己看起来很强大。"如果看到一个人讲话时指手画脚,他的想法可能是,"只有这样才能让我的话听起来有分量。"

自卑感就这样被人别有用心地隐藏在一切看似自高自大的言行背后。一个身材矮小的人之所以踮着脚尖走路,其实是想让自己显得高大一些,就是出于同样的心理。有时候我们从比身高的孩子身上会清楚地看到这一点。那个认为自己个子矮的孩子会把身子挺得直直的,实际上就是想让自己显得更高一点。要是我们问一个孩子:"你是不是觉得自己太矮了?"几乎没有人会承认这个事实。

因此,一个心存自卑感的人看上去不一定就表现得顺从、安静、矜持和温和。自卑感的表现形式多种多样。或许通过下面一个小故事就可以证明这一点。有三个孩子第一次去动物园。当他们来到一个关着狮子的笼子前时,一个孩子赶紧躲到了妈妈身后,害怕地说:"我要回家。"第二个孩子站在那里,脸色苍白,浑身颤抖着说:"我一点也不怕它。"第三个孩子却狠狠地看着狮子,问他的妈妈:"我能朝它吐口水吗?"其实这三个孩子都很害怕,只是表现方式不同而已,这都是由他们各自不同的人生态度决定的。

我们或多或少地都存在着自卑感,总是希望自己的一切变得更好。如果我们充满信心，只要通过直接、现实而适当的手段，就能改善状况，消除存在着的自卑感。人类不堪长期忍受自卑感的折磨，自卑感会迫使他们不得不采取行动。即便一个人灰心丧气，不想通过努力改善现状，也还是经受不起自卑感的折磨。他们会努力消除自卑感，只是采取的办法却不会让他们更好过些。他们的目标仍旧是"要比困难更强大"，所以他们不但没有尽力去克服困难，甚至反而是强迫自己"感到"强大。与此同时，面对没有任何好转的状况，他们的自卑感不减反增。由于导致自卑感产生的根本原因没有发生变化，他们越努力，在自我欺骗的道路上就走得越远，所有亟待解决的问题对他们造成的压力也会越来越大。

如果我们不理解他们的行为，就会认为他们缺少目标的指引。我们感受不到他们想改变现状的意愿。但是，当我们看到，同其他人一样，他们一边努力想变得自信，一边却对改变现状不抱任何希望，我们就能理解他们的行为。如果他们感到了自己弱小，就会臆想出一个显示自己强大的状况。他们并未把自己锻炼得更自信，更强大，而是说服自己看上去更强大。这种自欺欺人的手段不会完全成功。如果他们感到自己没有能力解决工作中的问题，回到家里就变得很强势，只有这样才能让他感到自己的重要。不管他们如何欺骗自己，自卑感自始至终都没有消除，遇到跟以前同样的状况，同样的自卑感就会再一次被唤起，自卑感最终将成为无法消除的心理暗流。这就是我们所说的自卑情结。

是时候给自卑情结下一个准确的定义了。当一个人面对某个问题毫无准备或手足无措时，就会认定自己不能解决问题，这种被夸大的不自信就被称为自卑情结。由此可见，发火、流眼泪或找借口，都是自卑情结的表现。由于自卑感常常给人带来心理上的压力，因此人们总是产生一种优越感来弥补心理上的落差，但是这种优越感产生的目的不是为了解决问题，对实际生活没什么用，真正需要解决的问题却被它束之高阁。他们的行动变得谨小慎微，关注的不是如何努力获取成功，而是怎样竭力避免失败。在困难面前，他们总是表现得犹豫不决，止步不前，甚至节节后退。

场所恐惧症能够清楚地说明这一观点。内心想法通过症状表现出来："我不能走得太远；我必须身处熟悉的环境中；生活处处有危险，我得躲开它们。"如果这些念头一直无法消除，人就会一直待在一间屋子里，或者倒在床上不起来。

在困难面前选择退缩，最严重的表现就是自杀。

面对各种人生问题，有些人完全放弃了希望，认为自己无法改变现状。如果我们把自杀行为理解成一种责备或报复行为，那么就能看出这是自杀者为了获得优越感而采取的方式。自杀者总是会将自己的死归罪于他人，他们好像在说："我是世界上最脆弱最敏感的人，而你却用最残忍的方式对待我。"

一切神经官能症患者都不同程度地限制自己活动的范围以及和外界的联系。他们竭力想回避三大真实而亟待解决的人生问题，蜷缩在可以一切尽在掌控的环境中，于是，他们为自己建造了一个狭小的牢房，闭门不出，躲着这些问题过活。他们究竟是会恃强凌弱还是光嘴上发发牢骚，是由其教养决定的，他们会从中选择最有效的方法达到目的。有时候，如果对某一个方法的效果不满意，他们就会尝试另外一个不同的方法。不管是哪种情况，目的始终只有一个——不努力改变现状，只想获取优越感。

比如，有些不自信的孩子一旦发现眼泪能让自己占上风，他就有可能变成一个爱哭的孩子。这种爱哭的孩子成年后容易变得忧郁。眼泪和抱怨——我称其为"水魔力"——能够非常有效地破坏合作，支配别人。爱哭、害羞、窘迫和内疚都是一眼能看出来的自卑情结的表现。他们倒是愿意承认自己没有能力照顾好自己，但深藏不露的却是对至高地位的病态追求，他们不惜一切代价想表现自己是最强大的。乍一看，那些爱吹牛的孩子似乎有着优越感，但是，如果我们用心研究他的行为而不是听信他的话，很快就能发现，其实他们也不想承认自己存在着自卑感。

所谓的恋母情结实际上也是一个神经症患者被困在"狭小房间"的特殊表现。如果个体恐惧爱情，就无法克服自己的这种病症。如果他们整日足不出户，我们就很容易理解他们为什么只在这个圈子里解决自己的性欲问题。他们的生活圈子里都是自己熟悉的人，他们习惯了支配自己生活圈子中的人，唯恐失去其控制地位。那些有恋母情结的孩子通常都是受到了父母溺爱，父母对他们百依百顺，他们从来都没有认识到在家以外的地方，通过他们自己的努力，同样会赢得外人的爱慕和深情。这些人即使长大成人也会守在母亲身边。恋爱时，他们要找的不是平等的伴侣，而是召之即来，挥之即去的仆人，而母亲则是他们眼中最可靠的仆人。任何一个孩子身上都可能诱发出恋母情结，只要母亲对他娇生惯养，不允许他关注别人，除此之外，他可能还有一个相对冷漠的父亲。

神经官能症患者的一切症状都表现出了行为受限的特点。一个口吃的人做事总是会犹豫不决。口吃的人还有点社交兴趣，想要跟人打交道，但是因为他们不够自信，害怕和他人沟通不好，因此语言中会表现出迟疑不决。不论是学校里的"后进生"、三十岁甚至三十岁以后还是无业游民的人、逃避婚姻的人、不断重复同一个动作的强迫症患者，还是对每天的任务感到焦头烂额的失眠症患者，都存在着自卑情结，无法解决他们的人生问题。那些自慰、早泄、阳痿或者性变态的人，由于在与异性相处过程中性欲得不到满足，导致了错误的人生态度的形成。如果我们问："你为什么总得不到满足呢？"由于虚荣心在作怪，他们会这样回答："因为人都是爱异想天开！"

我们认为有自卑感是正常的。有了自卑感，人才有动力进一步改善周围的环境。比如，只有当人类意识到自己的无知，需要做好准备迎接未来的时候，科学的进步才成为可能。科学进步可以让我们对宇宙有更多的了解，以便更好地与之相处。科学进步是人类力图改变自己命运的奋斗结果。实际上，我觉得自卑感是一切人类文化形成的基础。试想，如果一个外星人参观我们的星球，看到我们他会肯定地说："这里的人设立这么多协会和机构，就是为了得到安全感，为了挡风遮雨建造房屋，为了不挨冻穿上衣服，为了行走方便铺设道路——显然他们感到了自己是地球上最弱小的生物。"确实，在某些方面，人类算得上是地球上最弱小的生物。论力气大小，我们比不上狮子或大猩猩。我们在生活中单打独斗的能力还不如一些动物。有些动物会联合起来，靠集体的力量让自己强大起来，但是人类需要的不止这些，还要有更多样化的和基本层面上的合作。

婴儿的身体更为脆弱，他们需要多年的照顾和保护。既然人类都是从最稚嫩最弱小的时期过来的，既然离开了合作，人类就只能听凭环境的摆布，那么我们就不难理解为什么没有合作能力的孩子长大后会感到悲观，心理上一直存在着挥之不去的自卑情结。我们也能理解，为什么生活中的麻烦不断，即使那些善于合作的人也会不断地碰到难题。从来没有人觉得自己完全获得了优越感，完全成为了环境的主宰。人生过于短暂，而人本身又是弱小的，面对人生中的三大问题，总是需要拿出更好的解决办法。我们总是不难找到临时的解决办法，但是决不能满足于现状，止步不前。我们要继续努力下去。但是，只有善于合作的努力，才会让前景充满希望，我们的生存境况才能得以改善。

我想，人生的终极目标永远都不能实现。假定有这么一个人，或者说整个人类吧，已经克服了人生所有的困难，这样的人生必定索然无味，因为一切尽在预料中，一切尽在策划中，明天不会有预料之外的事发生，未来没有什么好期待的。人生的不确定性才能让我们感到人生的乐趣。如果一切尽在掌控，如果一切成为已知，根本就谈不到什么讨论和发现了，科学的发展也将终结，世界对我们而言就是一个重复的故事，艺术和宗教再也不能激发我们的奋斗理想，也就失去了存在的意义。我们要把人生中无穷尽的挑战看作是一种福气。人类的奋斗永无止歇，我们总能找到或者制造出很多的问题，并且创造很多新的合作，为社会做出更多的贡献。

不幸的是，神经官能症患者的发展在人生之初就遭遇了阻碍。他们对人生问题的看法很肤浅，因此个人遇到的难题更大。正常人解决问题的积极办法越多，就越能直面新的问题，找到新的解决办法，从而为社会做出贡献。他们不甘人后，也不会沦为他人的累赘，他们不需要特殊关照，相反，他们会按照自己的社会情感和个人需要，大胆而独立地解决个人的问题。

优越感的获得

获取优越感是一个很个性化的目标，是由个人对人生意义的理解而决定的。人生意义不仅仅反映在言语中，而且还体现在人的生活态度上，并且一以贯之，是个体谱写出来的独特旋律，具有隐晦各异的表现形式，所以我们只能依靠蛛丝马迹进行揣测。试图了解一个人的生活态度就像理解一首诗一样复杂。诗歌是一种语言，但是诗意却体现在字里行间，诗歌中最重要的意义需要凭研究和直觉方可获得，我们必须读懂字里行间的意思。个体的生命哲学也是同样的复杂深刻，心理学家也要学会读懂一个人语言里的潜台词，必须对语言背后的意义明察秋毫。

　　要不然又能怎样？人们对人生意义的理解早在四五岁前就已形成。这可不是按照步骤在做一道数学题，而是凭借一些模糊的主观感觉，依靠蛛丝马迹寻找答案，在黑暗中求索的过程。同理，对于优越感的追求也是一个摸索的过程。它是人们毕生的追求，是一种动态的发展趋势，而不是一个绘制好的地理坐标。没有人能够完全说清楚所追求的优越感是什么。他们或许清楚自己的职业目标，但这仅算是他们奋斗过程中的一小部分而已。即使目标明确，目标的实现方式也是多种多样。比如，一个人的目标是想成为医生，但是成为医生需要很多的职业素养。他们不仅要成为某一医学领域中的专家，而且还要在这一职业生涯中表现出对自己以及对他人的关心，从中我们可以判断他对别人能提供多少帮助，也能判断出他要求自己能够为他人提供多少帮助。他们选择这一职业，为的是消除自己某种自卑感。从他们的职业行为和其他言行中，我们必须能够判断出他们要消除的究竟是哪种自卑感。

　　比如，我们经常发现有些医生早在幼年时期就经历过生死。死亡这一体验给他留下了深刻的印象，让他没有安全感。或许是兄弟姐妹或父母的逝去让他后来渐渐想为自己和他人找到对抗死亡的办法。还有一些人宣称想成为教师，但是教师跟教师不同。如果他们社会情感低，他们凭借教师职业想要获得的优越感就是想成为一个小地方的大人物。只有跟那些比他还弱小，没他经验丰富的人在一起，他才能获得安全感。具有较高社会情感的教师，会将自己和学生放在平等的位置，他们真心想为人类幸福贡献自己的一份力量。教师跟教师的能力和兴趣有多么不同，他们实现个人追求的行为就有多大差异。一旦目标确立，跟这个目标相关的个体潜能会受到压制。但是就总体目标而言，虽说会受到种种条件的限制，但是无论怎样，人们都能够对人生意义做出理解，并为获得优越感而奋发图强。

因此，我们不能根据每一个人的表现妄下结论。每个人都可以像改换工作一样随意改变目标，因此，我们必须把个性看作是一个具有潜在一致性的整体。表现形式可以千变万化，但是个性是保持不变的。就像我们把一个不等边三角形转换不同的角度放置，就会看到多个不同的三角形。但是如果我们用心去观察，就不难发现其实都是同一个三角形，只是摆放位置不同而已。性格也是如此。任何单个的行为都无法充分表达个性所包含的所有内容，但是我们却可以从一切表现方式中对其个性做出判断。我们决不可以对一个人这样说："你要是这么做或那么做了，就一定会完全获得优越感……"为了追求优越感而为之付出的努力不是一成不变的，实际上，一个人身体越健康，精神越正常，在一个办法行不通时，他就越能找到更多的突破口。只有神经官能症患者才会死盯着这个目标说："我必须用这个办法，别的根本行不通。"

在评估为获得优越感付出的行动时，我们切不可操之过急，草率得出结论，但是我们却能从中发现所有的目标具有的一个共性——想变得像神一般无所不能。有时候，我们发现孩子们会这样公开表达自己的愿望说："我一定会像神一样无所不能。"很多的哲学家也曾有过相同的念头。也不乏有一些教师想把学生们教育成神一般的人物。古老的宗教信条也有这样的目标：宗教戒律应该要他们学会效仿上帝的作为。这种"如神般"的理念现如今有个更为现代的名词——超人。尼采疯了以后，在一封写给斯特林堡的信的最后签名是"被钉在十字架上的耶稣"，这一点无需我赘言。

精神错乱的患者通常都公开声称自己想要成为神，他们会大言不惭地说："我是拿破仑"，或者"我是中国皇帝"。他们希望成为世界瞩目的焦点，经常出现在公众视野中，通过无线电和整个世界互动，主宰整个世界。他们希望能够预言未来并拥有超自然的力量。

或许这种想成为神的梦想，用比较温和理性方式表达来说就是希望自己天文地理无所不知，无所不晓，抑或妄想长生不老。希望长生不老，幻想自己在轮回中一次次重生，能够预见在另一个世界里获得永生，都是人们的期盼，而这些期盼都是想成为神的种种表现。在宗教宣传中，上帝才能不朽，他劫后重生得到永生。我并不想在此争论这种思想的对错：它们都是对人生的认识，都是对人生意义做出的解读，我们在不同程度上都被这种解读所困扰——成为上帝或神，甚至无神论者也希望征服上帝，想要比上帝强。我们可以把这一目标当成所追求的一种特别强烈的优越感。

一旦个体优越感的目标确立，他的人生态度就要准确无误地发挥作用，一切行动都必须跟这一目标相适应。个体的习惯和举止必须有利于目标的实现，这样才不会受到批评。无论是问题儿童、神经官能症患者、酗酒者，还是罪犯或者性变态，他们的人生态度都反映出其行为都是为了占据优越的地位。指责这些行为是没有什么用的，因为如果他们正在追求这样一种目标，必然会采取与之相适应的行动。

在一个学校里，老师对一位被公认为班里最懒的男孩发问："你的学习成绩怎么这么差？""如果你觉得我是最懒的男生，就总会注意我。你从来都不关注好男生，因为他们功课好，也从来不破坏课堂纪律。"如果他的目标就是吸引老师的注意，控制老师，这是他找到的最好的办法。想要他改掉懒惰的习惯几乎是不可能的，因为懒惰才是他实现目标的手段。站在这个角度上来看，他的行为完全正确，他要是改变行为方式才是傻瓜呢。

另外一个男孩在家非常听话，但是总显得有点笨。他在学校功课落后，在家反应慢。他的哥哥比他大两岁，跟他截然不同。他的哥哥聪明活泼，但是总是因为莽撞而不停地制造麻烦。有一天，有人无意间听到弟弟对哥哥说："我宁愿自己继续笨下去，也不愿意像你那样地莽撞。"一旦我们认识到这就是他实现目标的方式，就能清楚地明白原来他把愚笨当成了智慧的表现：笨一点可以避免陷入麻烦。正是因为他比较笨，所以没人给他提太高的要求，即使他犯了错误，也不会因此受到责备。为了目标的实现，他要是不笨才是犯傻呢。

直到今天，处理问题采取的方法始终治标不治本。个体心理学完全反对医学界和教育界的这种做法。如果孩子们算术学得不好，或者在学校表现差，只通过关注这些具体方面就想让他们取得进步，都是徒劳无益的。他们或许是想为难老师，甚至是想通过逃课的方式被学校开除。如果我们纠正他们的一个错误，他们必定还会犯别的错误。

患有神经官能症的成年人也是如此。比如，假设他们患有偏头痛，这些头痛症状可能对他们有好处，在需要的时候，头痛症状就会如约而至。借助头痛症状，他们可以避开生活中的难题。无论他们硬着头皮迎接新人，还是做决定，都可能会感到头痛。与此同时，头痛症状还有助于他们支配办公室职员、同伴或者家人。那为什么还要他们放弃这一有效的办法呢？从他们的角度看，他们的头痛症是一个聪明的创造，能够为他们带来一切想要的回报。怪不得当我们告诉说头疼也能要人命的时候，他们的头就不会疼了。同理，那些患有炮弹休克症的士兵可以通过电击或假手术消除其症状。或许医疗手段的干预能使他们的症状消除，但是，只要目的没有改变，即使消除了一个症状，另一个新的症状又会出现。头痛"治好"了，可能失眠或者其他新症状接踵而至。只要他们的目标没变，其他的病症必定还会出现。

一些症状能够在神经官能症患者身上迅速消失，但是与此同时，新病症也会立马显现。他们是神经官能症患者中的老手，能不断地制造新的病症。如果他们看了精神治疗方面的书，就会发现还有很多没有机会尝试的病症。我们必须找到他选择这一病症的目的，以及这个目的跟获取优越感的总目标之间的一致性。

比如，我在教室里派人取回一个梯子，我爬上去，坐在黑板顶部，看到我的人准会说："阿德勒医生疯了。"他们不知道这个梯子是做什么用的，我为什么要爬上去，也不知道为什么要坐在那么让人难受的地方。但是如果他们知道，就会说："他因为个子矮小而感到自卑，所以想坐到黑板最高的地方，这样显得比别人高。只有俯视全班，他才能有安全感。"如果是这样，他们就不会认为我疯了，而是觉得我选择了一个很好的方式达到自己的目的。在他们眼里，我拿来梯子爬上去的行为并不出格。

但是，如果事情真是如此，我还是疯了，疯在对优越感的理解上。如果有人能说服我，让我感到这一目标是错误的，我就能改变自己的行为。但是如果我痴心不改，而梯子也被搬走，我会找把椅子试试。如果椅子再被搬走，我就跳起来看看能不能靠自己的力量爬上去。神经官能症患者也是一样，他们选择实现目标的方式无可厚非，不应受到诟病，我们需要纠正的只是他们的目标。目标一旦发生变化，思维习惯和人生随之改变，旧思维和旧态度必将很快遭到淘汰，取代它们的，是与新目标相适应的新思维和新态度。

咱们来看看一个三十岁女人的故事。她患有焦虑症，无法交上朋友。这个女人还不能养活自己，是家里的累赘。她曾做过秘书，时不时也干点琐碎的工作。但是倒霉的是，她总是受到老板的挑逗，这让她很害怕，因此选择离开了公司。然而，有一次，当她找到了一个工作，老板对她并不感兴趣，没有对她动手动脚，她反倒因此而觉得受辱，于是最终选择离开。她接受了长达八年的心理治疗，但是治疗并未提高她的社交能力，也未把她变成一个自食其力的人。

要了解她，就必须追溯到她四五岁时的人生态度。要了解一个成年人，必须最先了解他的孩提时代。她是家里最小的孩子，可爱漂亮，受到过度的宠爱，任性骄纵。那时她的家很富有，她要是要星星，家人就不会给她摘月亮。"嗯。"当我听到这里时对她说，"你就像个公主啊。"她却接着回答道："真奇怪，所有的人都愿意叫我公主……"我询问她早年的记忆是什么。她说："记得四岁的时候，有一天我走出房间，看到一群小孩儿在玩游戏。他们不停地蹦起来喊道，'巫师来了。'我那时很害怕。回家后，我就问家里的一个老婆婆，是否真的有巫师这回事。她说，'是的，不光有巫师，也有小偷和劫匪，他们都有可能在你身后出现。'"

我们从中可以看出她害怕孤单。她的整个人生态度都反映出了她的这种担心。她的内心还没有强大到可以离开家，因此家人不得不照顾她生活的方方面面。另一个早期记忆是这样的："我有一个男钢琴老师，有一天，他试图吻我。我停下了弹琴，把这件事告诉了我的妈妈。从那以后，我再也不想弹琴了。"从这段话我们也能看出，她要自己跟男人保持距离，她的性发育状况跟自我保护、排斥爱情的目标达成一致。她认为恋爱是软弱的表现。

这里我必须这么说，很多人在恋爱时感到了自己的软弱，在某种程度上讲，这是人之常情。沐浴在爱河中的人往往都柔情似水，在爱人面前，我们会变得脆弱。只有那些自认为是强者的人才不甘示弱，才不会跟爱人产生彼此间的依赖。这种人害怕爱情，没有做好迎接爱情的准备。如果他们感到自己要坠入爱河，就会亲手毁了它。他们会取笑捉弄爱上他的人，为的就是摆脱软弱。

上面所提到的那个女孩也是在恋爱与婚姻中感到了软弱，因此当男人挑逗她时，她往往会反应过度。除了逃跑，她无计可施。正当她面临这些问题的困扰时，父母又双双去世，这就意味着"公主"的待遇就此结束。虽然她还是找来了亲戚照顾她，但是境况却不遂人意。一段时间后，亲戚对她感到厌烦，不再像她需要的那样去关注她。她对他们大加斥责，责备他们不知道不理她的后果有多严重，她就是以这样的方式，竭力摆脱孤身一人的惨状。

我相信，只要她的家人不再为她费心，她肯定会疯的。她要迫使家人养活她，并将她置于完全的保护下。她在心里一直这么幻想："我不属于这个星球，我是另一个星球上的公主。可怜的地球人不理解我，也没有认识到我的重要。"如果她的幻想症进一步发展，就会导致精神错乱，所幸她还是有些资本的，能够得到亲朋好友的些许关爱，所以她的心理状况还不至于会恶化到那个地步。

从下面的一个病例中，我们可以清楚地看出当事人的自卑情结和自尊情结。一个十六岁的女孩子被家人送到我这里来。她从六七岁时开始行窃，十二岁时就跟男孩子在外过夜。父母经历了长期而痛苦的心理斗争，最后离了婚，那年她才两岁。她跟着母亲住在外祖母家里。人人都说"隔代亲"，她的外祖母也不例外，对这个孩子百依百顺，听之任之。她是在父母矛盾最尖锐的时候出生的，她的母亲并不待见她，从来没喜欢过这个女儿，母女关系自然相当紧张。

女孩向我求助时，我很友好地跟她交流。她对我说："实际上，我一点也不喜欢偷东西，也不喜欢跟男孩鬼混，但是我得叫我妈知道，她是管不了我的。"

"你这是在报复吗？"我问她。"我想是吧，"她这样回答。她一直想证明自己比母亲更强大。她之所以有这种目标，只是因为事实上她比母亲更弱小。她感到母亲不喜欢她，因此产生了自卑感。她所能想到的能够表现自己优越感的唯一方法就是制造麻烦。孩子的盗窃行为或者其他不端行为，通常都是出于报复的心态。

一个十五岁的女孩失踪了八天，被人找到后，就被送进了法庭。她编了一个故事，说有个男人绑架了他，把她捆着锁在一间屋子里，锁了八天。没人信她的话。医生单独找她谈心，要她讲出实情。她对医生的怀疑怒不可遏，甚至扇了医生一个耳光。我见到她时，我问她想成为什么样的人，并且告诉她说我很关心她，而且想做些什么来帮助她。当我问到她做过什么梦，她立刻笑了出来，告诉我："我梦见自己在一个酒吧里。当我从里面出来的时候，正巧遇到了妈妈。一会儿，我的爸爸也来了，我请求妈妈把我藏起来，好让爸爸看不到我。"

原来她害怕她的父亲，一直跟他作对。他过去经常惩罚她，为了逃避惩罚，她不得不撒谎。如果遇到这样说谎的病例，撒谎者身后必定有个严厉的家长。如果说真话不会有什么危险，说谎就失去了意义。从另一方面说，这个女孩能够在某种程度上跟母亲合作。后来她向我们道出了实情，原来是一个男人把她哄进了酒吧，在那里过了八天。她因为害怕父亲，未把实情讲出来，但是与此同时，为了打败父亲，她故意做出了这样的行为。面对父亲，她感到很压抑，只有通过伤害他才能感到自尊。

怎样才能帮助那些在追求优越感的道路上误入歧途的人呢？如果我们认识到努力获得优越感是人之常情，问题就没有那么难以解决。我们可以设身处地地去体谅他们为之付出的努力。他们错就错在想得到的东西毫无意义。对优越感的追求激励着人们奋斗，是文化的源泉。人类都是沿着这条伟大的行动路线前进——从低到高，从少到多，从失败到成功。只有那些能够直面人生问题，把握住人生方向的人，在个人取得进步的同时才能惠及他人。

只要方式正确，说服他们并不是件难事。人类对价值和成功的判定最终都是以合作为基础的，这是一条放之四海而皆准的真理。我们对行为、观念、目标、行动以及性格特点的要求只有一条，即能够有利于人与人之间的合作。没有一点社会责任感的人是不存在的，这已经是个公开的秘密，就连神经官能症患者和罪犯也明白这个道理。他们知道煞费苦心地为自己寻找正当理由，推卸责任。他们没有勇气过有意义的人生。自卑告诉他们："你不懂跟别人合作。"他们避开真正需要解决的问题，终日生活在虚幻之中，只有这样才能让他们充满自信。

各行各业的目标迥然不同。如我们所见，每个目标都不是完全正确，总能找到可以诟病的地方。但是，合作需要各种人才。某些孩子数学学得好，另一些孩子画画水平高，还有一些孩子的优点是力气大。消化功能弱的孩子会认为他们的问题是缺乏营养造成的，因此会将兴趣转向食物，认为只有这样才能解决自己的问题，结果可能就成为了一个烹调能手或营养专家。我们从这些具体的目标中可以看出，在弥补自己某方面的缺陷时，把一些不可能变成了可能，得到了自我发展和突破。比如，我们可以理解哲学家们必须不时地远离社会喧嚣，安静思考，方能写出作品。不过话又说回来，如果人们一心追求的优越感包含了对社会利益的高度关注，那么就不会犯多大的错误。

第四章　早期记忆

个性形成的关键

　　为追求优越感而付出的努力是决定其个性形成的关键因素，因此它贯穿了心理发育的整个过程。认识了这一点，我们就能通过它来理解个体的人生态度。这里有两个要点需要指出来。第一，我们可以随心所欲地从任何一种表现入手研究，因为一切表现都朝向一个目标，而人的个性形成恰恰就是以这个目标为中心的。第二，我们有着丰富的资料储备，一切语言、思想、感情和姿态都有助于对个性的理解。我们有时会过于草率地对个性的某个方面加以评判，但是通过参考其他特点，最终也能够纠正错误的看法。只有看到了一个方面在整个个性中发挥的作用，才能最终明白这一表现的真正意义。但是，无论我们看到的是哪个方面，它们都是个性的体现，有助于我们对个性的了解。

　　考古学家的工作是要找到一些陶器或工具的碎片，一些建筑的残垣断壁，支离破碎的纪念碑，以及一页页的古文稿，通过它们来推断已经消亡的整个城市的生活。我们也是通过搜集的信息片段进行研究,只是我们的研究对象不是消亡的东西,而是活生生的生命个体身上彼此相关的各种表现。通过这些表现,个体将自己对人生的理解多样化地表达出来,一个鲜活的个性由此呈现在我们面前。

要了解一个人绝非易事。个体心理学恐怕要算心理学中最难的一个分支了,学习和实践起来难度都很大。我们万不可断章取义,始终要保持怀疑的治学态度,直到关键问题得以解决。我们要足够细心,从蛛丝马迹中寻找线索,比如要观察一个人怎样进入房间,如何跟我们打招呼、握手,脸上浮现的是怎样的笑容,走路的姿态如何等等。我们可能会在某一点上出现偏差,但是其他的表现会让我们及时纠正错误的印象,或者打消我们心中的顾虑。治疗本身就是对合作能力的锻炼和检验,只有真正地关心患者才能获得成功。我们必须从他们的视角看问题,聆听他们的心声,这些都有助于我们的理解。我们必须把他们的人生态度和遇到的问题放在一起研究。即使我们自认为已经了解了他们,但是如果他们都不理解自己,我们就不能说这种理解百分百正确。生搬硬套得来的真理不是真正的真理,它的不成熟恰恰表明了我们对个性的理解还不够。

由于对这一点的无知,其他心理学流派提出了"负移情和正移情"的概念,这些在个体心理学的治疗中是见不到的。要拉近跟一个娇生惯养的病人的关系,最好的办法就是迁就他们。但是如果这样,他们要求支配他人的想法将被隐藏起来。如果我们表现出了对他们的怠慢或忽视,他们很快就会对我们产生敌意。他们会中断治疗，或者，即使接受治疗，也是希望借此为自己的行为找到正当的理由，好让我们心存歉意。无论对他们采取迁就或是怠慢的态度，都无益于治疗。我们必须让他们看到人们彼此之间的关心。这种关心是最真实，也是最客观的存在。为了他们自己，也为了他人的利益，我们必须跟他们一道找出错在哪里。基于此目的，我们不能冒险运用"移情"大法，假装自己就是权威，而让他们继续扮演缺乏独立、不负责任的角色。

在人的精神世界里，最具有直观意义的就是个体的记忆。记忆会暗地里提醒他们自身具有的缺陷以及事件发生的意义。"偶然发生的记忆"根本不存在。个体从不计其数的感知中，只选择那些跟自己的问题有关的过往储存在记忆中，不论它模糊与否。这些记忆讲述了他们的人生故事，他们反复地从这些经历中寻找温情或安慰，激励他们勇往直前，实现目标；或是借助于这些经历，用一种成熟的态度做好迎接未来的准备。记忆对情绪有平复作用，这一点从一切行为中都得到了清楚的体现。在个体遭遇挫折，感到沮丧的时候，他们就会回想起以往的挫折经历。如果当事人愁眉不展，回忆里就充满忧郁悲伤。如果当事人开心勇敢，就会想起那些高兴的事，从而使自己变得更乐观。同样，在困难面前，他们会搜集那些有用的记忆来帮助自己更好地解决问题。

记忆跟梦的作用一样。当一些人在需要做决定的当口，常会梦见一次成功的考试经历。他们把做决定看成了一次测验，通过梦境，试图再次唤起以前成功的感受。一般说来，那些围绕人生态度千变万化的情绪规律，同样也适用于所有情绪结构和情绪平衡。忧郁之人在诉说个人的好日子和成功时，是不会感到忧愁的，但是如果他们这样想："我这辈子都不走运。"那留在他们回忆中的就只能是一些不幸的过往。

早期记忆与人生态度的关系

记忆始终跟人生态度保持一致。如果一个人在追求目标过程中总是在想"别人总是在羞辱我"，那么他们就会记住一些被羞辱的经历。如果他们的人生态度发生改变，记忆也会随之改变。他们会想起与之不同的经历，或者对已有的记忆进行不同的解释。

早期记忆尤为重要。首先，早期记忆显示了最初的人生态度及其最朴素的表达方式。从这些早期记忆中，我们可以判断出一个孩子是受到溺爱还是经常被忽视，他们跟别人合作的能力开发到什么程度，他们愿意跟什么样的人合作，会面临怎样的人生难题，又是如何加以解决的。那些先天弱视的孩子总是会更仔细地观察事物，所以他们的早期记忆都是通过视觉感知得到的印象。他们最初的记忆可能是，"我环顾四周……"或者将颜色和形状描述一番。那些具有身体缺陷的孩子，如果想走路，跑步或者跳高，那么从他的记忆里一定能找到这些兴趣的影子。

孩提时代的记忆跟人的主要兴趣关系密切。如果我们了解了一个人的主要兴趣是什么，就能了解他的人生目标和人生态度。正是这一事实，才使得早期记忆在就业指导中起着巨大的作用。除此之外，早期记忆还反映出了这些孩子跟父母及其他家人的关系如何。相对而言，记忆是否准确并不重要。最重要的是这些记忆就是一种个人评判："我从小就是这样的性格。"或者，"我从小就知道世界是这样的。"

人的早期记忆对我们最具启发意义。早期记忆表明了个体最基本的人生观，也首次恰当地表现了他们的人生态度。我们从中一眼就能看出他们把什么作为自身发展的出发点。我所有关于个性的调查研究都离不开早期记忆。

有时候，人们对此不做回答，或者声称他们不知道哪件事最先发生，但是这样做本身就泄露了天机。我们可以看出，他们不想谈论自己的基本人生观，也不准备合作。但是，一般来说，人们都万分乐意谈论自己早期的记忆。在他们眼里，这些记忆仅仅就是些事实而已，还没有意识到其中暗含的意义。几乎没人能够意识到早期记忆的意义，所以大多数的人才能够通过他们最早记忆，将人生的目的，跟他人的关系以及对环境中立而本真的看法和盘托出。关于早期记忆的另一个要点是，这些记忆经过概括和提炼后，可以被用作群体研究资料。我们可以要求一个班级的孩子写下他们最早的一些记忆，如果我们可以对这些记忆进行解读，那么就为我们更好地了解每个孩子提供了宝贵的资料。

对早期记忆的剖析

我想利用一些早期记忆做例子，试图对它们进行解读。除了当事人陈述的记忆以外，我对他们一无所知，甚至都不知道他们是孩子还是成年人。虽然我们应该找出他们早期记忆中的一些意义，并把它们和其个性的其他表现方式作对比，看看二者之间是否一致，但是我们在此是为了实践一下我们的技术，对记忆含义的其他方面做出推测，就能知道哪些事情是真实的，并把不同的记忆加以对比。重要的是，我们也可以由此判断出个体的合作能力是否得以发展，他们是勇敢还是胆怯，希望获得支持关注还是想自力更生，善于奉献还是急于获取。

1. "因为我的妹妹……"在关于最早记忆的陈述中，这句话应引起我们的注意。当妹妹出现时，我们就相信她一定给陈述人的生活带来了很大的影响。妹妹的出现给他的发育带来了阴影。我们通常会发现两个人会构成对手关系，就像参加比赛的竞争对手，会给对方的发展带来阻碍。如果孩子能够友好合作，他就会对对方更感兴趣，但是，如果心中充满敌意，就不可能去关心别人。但是，我们并不能由此盖棺定论，说不定两个人关系还很融洽呢。

"因为我和妹妹是家里年龄最小的，直到她到了上学的年龄，家人才让我去上学。"我们从中清楚地感受到了存在的敌意："我的妹妹耽误了我！因为她小一点，害得我等着她。是她限制了我的机会。"如果这段记忆的意义果真如此,我们觉得这个女孩,也许是男孩,一定会有这样的感受:"某人限制了我,妨碍了我的自由发展。"写下这段话的人应该是个女孩,因为男孩子不太可能因为小妹没到入学年龄而不能上学。

"所以,我们同一天迈进校门。"对女孩子而言,这可算不上最好的养育方式。这会让她觉得,就是因为她岁数大一点,她就得事事在后。无论遇到什么情况,她都会有这种想法。她觉得她的妹妹受宠,而她却受到冷落。她要把自己受到的冷落归罪于某人——这个人可能就是她的母亲。这样,如果她情感上偏向父亲,竭力想取悦他,也在情理之中了。

"我很清楚地记得,上学第一天,妈妈对大家说她觉得很孤单。她说:'那天下午,我好几次跑出了大门,看看女儿们回来没有。我觉得她们好像再也不会回来了。'"这是女孩对她母亲的描述,她觉得这并不是什么聪明之举。女孩这样描述母亲:"她觉得我们可能永远回不了家了。"——很显然,妈妈是慈爱的,孩子们也都感觉到了这一点,但是与此同时,母亲表露出了焦虑不安,神经紧张。如果我们再跟女孩谈下去,她一定会告诉我更多母亲对妹妹的偏爱。这种偏爱不值得大惊小怪,谁家最小的孩子不是最受宠的?我认为,这段记忆表明,姐姐感到被妹妹争宠,因此对妹妹充满敌意。等她长大以后,一定嫉妒心强,害怕竞争。她不喜欢比自己年轻的女性也在情理之中。有些人一辈子都觉得自己太老,很多嫉妒心强的女性在比她们年轻的女性面前感到自卑。

2. "我最早的记忆是祖父的葬礼，那时我才三岁。"一个女孩这样写道。死亡令她印象深刻。这意味着什么？她把死亡看作人生最不安全、最危险的事。童年时期祖父的去世使她产生了一种念头："祖父也会死掉。"我们能够从中推测，她是祖父的掌上明珠，备受宠爱。几乎所有的祖父母都会溺爱孩子，不像这些孩子的父母，他们对孙辈不需要负太多的责任，他们通常哄着孩子跟他们亲近，感受亲情。我们的社会并不认为上了年纪的人有什么价值，因此他们想通过简单可行的手段寻找安慰，比如发发牢骚。我们觉得这个女孩自小就受到了祖父的溺爱，正是这种溺爱才让这个女孩对他念念不忘。他的离去对她来说无疑是个重大的打击，她失去了一个俯首听命的仆人和百依百顺的伙伴。

"至今我对他躺在棺材里的样子还记忆犹新，他一动不动躺在那里，面色煞白。"我不知道是不是不应该让一个三岁的孩子看到死者，何况她之前完全没有心理准备。很多孩子告诉过我，他们对看到过的死人印象深刻，永远也忘不了那一幕。这个女孩也没忘记。这些孩子会努力试图减小或摆脱死亡的威胁。如果一位医生被问起最早的记忆，那些记忆常常就会跟死亡有关。"一动不动地躺在棺材里，脸色煞白。"——这是对见到的某种情景的回忆，这说明这个女孩子善于通过观察来认识世界。

"当我们来到墓地时，棺材被慢慢放下，我看到绳子被人们从棺材下面抽了出来。"她向我们继续描述她所见的情景，由此我们更加肯定地认为她属于视觉型。"从此以后，每每有人提到那些已经去了另一个世界的亲戚，朋友或者熟人，我都情不自禁地感到害怕。"

我们再次看到了死亡给她留下的心理阴影。如果我有机会跟她谈一谈，我会问她："你长大后想干什么？"或许她会说："当一名医生。"如果她默不作声或拒绝回答，我就会暗示说："你不想成为一名医生或者护士吗？"当她提到"另一个世界"，我们就能从中看出一种对死亡恐惧心理的补偿。整体说来，她的最早记忆令我们认识到，她的祖父对她很慈爱，她属视觉型，死亡对她的心理影响很大。她从中认识到"我们都得死"这一点千真万确，但并不是所有的人都会沉陷于此，无法自拔。我们还有许多其他的事需要关注。

3. "在我三岁的时候，父亲……"她一张口就提到了父亲。我们可以由此猜测，这个女孩子对爸爸的关注更多些。对父亲的兴趣往往是出现在发育的第二阶段。起初，孩子们只对母亲感兴趣，因为在一两岁之前，婴儿和母亲的合作关系最为密切。在此阶段，孩子需要母亲，因此完全附属于母亲，孩子一切的精神活动都跟母亲紧紧相连。一旦孩子将兴趣转向父亲，就证明他的母亲当得不合格，而他也不满意自己的处境。造成这一状况的原因一般都是由于弟弟妹妹的出生。如果这段回忆还提到了一个年纪更小的人，我们对自己的猜测就会更有信心。

"父亲给我们买了一对矮种马。"这句话告诉我们这个家里的孩子不止一个，我们很有兴趣想知道另一个孩子的情况。"他拽着缰绳回到家。 大我三岁的姐姐……"看到这里，我们必须纠正自己的错误想法。 我们本来觉得这个女孩才是姐姐，然而她却出人意料地是那个年龄更小的人。 或许姐姐最讨妈妈欢心，这也正是女孩为什么一开始就提到了父亲和两只小马的原因。

"姐姐拽着一根缰绳，骄傲地赶着小马在街上走。"这是在描述姐姐的胜利姿态。 "我自己的小马急急追赶另一只小马，我觉得它跑得太快了。"——这就是姐姐占上风导致的结果！ ——"我被它拽倒了，摔了个嘴啃泥。"本来想着出出风头，最终却落得个丢人现眼。 姐姐胜利了，为自己赢得一分。 我们相信，这个女孩的意思是"我要是疏忽大意，就会输给姐姐。 我总是那个失败者，我总是灰溜溜，因此要想觉得安全就必须事事争第一。"我们也能理解姐姐比她更受母亲宠爱，因为这个原因，这个女孩将关注转向了父亲。

"后来，我的骑术比姐姐好，但是却没有带给我一丁点的改变。"我们所有的假设现在都得到了确认。 我们能够看出两姐妹之间的竞争。 妹妹觉得："我总是落后，我必须赶上去，我得超过别人。"这种情况就是我曾经提到的次子（次女）或最小的孩子中非常常见的现象。 他们都有个哥哥或姐姐做榜样，总是想要超过他们。 这个女孩的回忆就强化了她的这种人生态度。 她会想："要是有人在我前面，我就危险了，我必须争当第一。"

4. "我最早的记忆是被比我大十八岁的姐姐带去参加派对和其他社交活动。"这个女孩把自己看作社会的一分子，从这份回忆材料中，我们还能肯定地认为她比其他人更善于合作。姐姐比她大十八岁，会像母亲一样地照顾她，也是家里最宠她的人，不过这种宠爱却是充满了智慧，很好地拓宽了妹妹的兴趣。

"在我出生之前，家里有五个孩子，可是只有姐姐这一个女孩，自然愿意带着我向朋友显摆。"这话头听起来不妙。如果一个孩子被拿来"显摆"，他就只想着得到社会的欣赏，而不是为社会做贡献。"于是，我还很小的时候，她就带着我到处去。我之所以忘不了这些派对，是因为总是被迫在这些派对上讲话。'给这位女士说你叫什么'等等诸如此类的话。"由于错误的教育方法，导致了这个女孩说话口吃，言语表达困难。如果孩子出现口吃，那一定是他们的语言表达受到了过分关注。他们学会的不是自然轻松地跟人交流，总是感到拘束腼腆，非常在意别人看法。

"我还记得，如果我什么也没说出来，回到家后照例会挨一顿斥责，我都不愿意出去见人了。"我们不得不完全改变原先对这段记忆的诠释。现在我们看清了她最初记忆的意义："我总是被带出去跟人们打交道，我一点都不开心。这些经历让我厌恶合作和社交。"因此，我们可以理解她现在为什么不喜欢见人，因为跟人见面会让她感到尴尬紧张，她心里老想着应该让自己出尽风头，所以心理包袱过重。跟别人在一起，她感到越来越不自在，越来越难以与人相处。

5. "我小的时候发生了一件大事。那时，我大概四岁，我的曾祖母来我家。"我们注意到，祖母通常是宠爱孙子们的，但是却不知道曾祖母会怎样对他们。"她来后,我们照了一张四世同堂的照片。"这个女孩对自己的家很感兴趣。她对曾祖母的来访和拍的照片记忆犹新,由此我们可以确定她很恋家。如果这个判断对的话,她一定只能跟家里人合作。

"我记得很清楚,我坐着车去了另一个镇子,到了摄影师那里,我换上了一件白色绣花裙。"这个女孩应该是属于视觉型。"在拍四世同堂的照片之前,我和弟弟先拍了张合照。"我们又一次对这个家庭产生了兴趣。他的弟弟是家庭成员之一,因此我们接下来会更多了解她跟弟弟之间的关系。"他坐在我旁边的椅子的扶手上,手里举着一个亮红色的球。"现在我们可以看出这个女孩的意思了,她觉得家人偏爱弟弟。我们猜想她觉得有个弟弟并不开心,要不是他,她就是家里最小最受宠的孩子。"他们要我们微笑。"她的意思是,"他们哄着我们笑,但是我有什么可笑的?他们把弟弟当成国王,把红球给了他,可是他们给了我什么?"

"接着就拍了四世同堂的照片。除了我,大家都是努力地表现出最好的状态。我就不笑。"她这么咄咄逼人都是因为家人对她不够好。在这段最早记忆的描述中,她没有忘记告诉我们她当时在家里受到的待遇。"我的弟弟笑得好开心。他太可爱了。直到今天,我还讨厌照相。"这些记忆帮助我们更好地理解大多数人的人生态度。我们总是运用已有的一种印象去解释一系列的行为。我们由此得出结论,还把这些结论看作是无可争辩的事实。很显然,拍这张照片时,她感觉并不好。她后来都很讨厌拍照。通常当人们不喜欢某种东西时，他们会竭力地为自己寻找正当理由，并找出一些经历来自圆其说。这个关于早期记忆的描述为我们了解当事人的性格特点提供了两个线索。首先，她是视觉型的人。其次，也是更重要的线索，她非常恋家。她早期记忆只跟家里人有关，这就表明她可能不太适应社会生活。

6. "我最早的记忆是在我三岁半时发生的一件事。有个女孩曾是我父母的帮手。她把我和表姐带到地下室，让我们尝了尝苹果酒，我们都很喜欢。"有人在地下室放了苹果酒是件有意思的事。这是一个探索的旅程，如果我们在现阶段就得出结论，就只能推测出一点：说不定这个女孩喜欢这个新体验，也一定会勇敢面对生活。又或者，她的意思可能是说有很多比自己更强势的人，能够哄骗她们，把她们带坏。我们只能靠接下来的记忆来决定上述两种假设哪个是真实的。"过了一会儿，我们决定再尝尝，于是我们就自己动手了。"她的确是个有勇气的姑娘，想变得独立。"我喝醉了，腿不听使唤，碰洒了苹果酒，酒流到了地上，地下室变得湿乎乎的。"我们在此看到了一个禁酒主义者的诞生。

"我不喜欢苹果酒，也讨厌其他的酒精饮料，我不知道是不是跟这次经历有关。"我们再次看到了有人将整个人生态度的形成归因于一件小事。实事求是地说，这件小事没这么深远的影响，但是这个女孩暗自把这件事当作自己厌恶喝酒的原因。我们从中可以看出，她是个具有独立性的女孩，知道从错误中学习,并且愿意改正错误,这一特点将会伴随她终生。她好像在说:"虽然我错了,但是一经发现,就会立刻改正。"如果事情真的如此,她一定有着良好的性格、做事积极主动、勇于奋斗、渴望进步、向往美好的有意义的人生。

在上述所有的例子中,我们都在训练自己的推测能力。在我们确信结论完全正确之前,还要研究人的其他性格特点。下面的研究案例可以说明,虽然性格的表达形式各异,但相互之间却具有相关性。

一个三十五岁的男性焦虑症患者找到我。只要他一离开家就会感到焦虑不安。他需要工作,但只要在办公室里,他一整天都在唉声叹气,直到晚上回到家跟妈妈待在一起,才感觉好受些。当我们问到他的早期记忆时,他说:"我记得在我四岁的时候,我在家里紧挨着窗户坐着,饶有兴趣地看着外面忙忙碌碌的人。"他对别人的工作感兴趣,他只想坐在窗边做一个旁观者,他觉得自己无法跟别人合作。因此,如果想要消除他的焦虑症状,必须让他摆脱这种想法。迄今为止,他都认为他只能靠别人养着,自己无法自食其力。我们必须扭转他整个错误的观点。我们既不能对他横加指责,也不能用药物或激素来安抚他。通过分析他早期的记忆,我们建议他找个与自己兴趣——爱观察——相符合的事情去做。他是个近视眼,所以更加关注能看到的东西。可是到了该找份工作自食其力时,他还是愿意继续看别人做事,自己却不愿意去做。其实这两点并不矛盾。他被治愈后,找到了一个完全符合他兴趣的工作。他开了一家艺术品商店，用自己的方式，承担起一份责任，并为整个社会做出了贡献。

一个三十二岁的情绪失语症患者前来就诊。他说起话来声音低得像耳语，这种状况持续了两年。事情要从两年前的一天说起。那一天他踩到一块香蕉皮上，恰巧撞到出租车的车窗上。他呕吐了两天，从此患上了偏头痛。毫无疑问，他得了脑震荡，但是他的喉咙并没有任何器质性变化，脑震荡不足以造成失语的后果，但是他在八周的时间内完全不能说出话来，于是他将此事诉诸法律。这个案子很棘手。他将事故的责任完全推到了出租车司机身上，控告出租车公司要求索赔。如果他能拿出伤残证明来，可能胜诉的机会更大些。我们没必要指责他的不诚实，他没有任何必须实话实说的动机。或许在这次事故后，他真的发现自己说话困难，所以他坚持自己原先的态度。

这个病人曾经看过喉科专家，但是专家并未发现任何异常。当被问到早期记忆时，他这样说："我躺在一个吊着的摇篮里。我看到了挂摇篮的钩子脱落，摇篮掉了下来，我受了重伤。"没人享受坠落的感觉，但是这位先生夸大了坠落的后果，一心想着它招致的危险。这才是他主要关注的事。"就在我掉下来的时候，妈妈进来了，她吓坏了。"他的坠落引起了妈妈的关注。但是这段记忆也是对母亲的一种责备——"她并未好好照顾我。"按照这种逻辑，在香蕉皮事件中，出租车司机也有错，出租车公司也难辞其咎。他们都没有很好地照顾他。这就是被宠坏的孩子的人生态度：想尽办法推卸责任。

他的另一段记忆也讲述了类似的故事。"五岁时,我从二十英尺高的地方摔下来,被一块板子重重压在下面,五六分钟都讲不出话来。"可见他很善于失语。他有意识地训练自己失语的能力,把摔倒当成不能讲话的理由。这个理由并不令人信服,但这确实是他看问题的方式。他对此已经相当有经验。要是现在再碰到类似的状况,他会马上自动失语。所以,只有当他明白了这是个错误的想法,明白摔倒和失语之间没有任何必然联系,他的疾病才能被治愈,特别是他得明白,事故发生后,真的没有必要让自己两年都低声细语地讲话。

从这段记忆描述中,我们也看到他为什么认识不到自己的错误。"妈妈跑了出来,"他继续回忆道,"她看上去很激动。"这两次摔倒事件都让他的母亲感到惊恐,对他格外关注。他希望被宠爱,成为别人关注的焦点。我们理解他为什么要求别人为自己的不幸买单。其他受到溺爱的孩子遇到类似的事情可能也会像他这样做,但是不一定都表现为失语症。失语症是这位患者的标志,是他人生态度的一个组成部分,而他的人生态度又是由他自己的人生经历造成的。

一位二十六岁的年轻人找到我,抱怨说自己找不到满意的工作。八年前,他的父亲为他找了一份经纪人的工作,可他不喜欢,前不久才辞了职。他想找个别的工作,就是不能如愿。他还告诉我他睡不着觉,还常常有自杀的念头。当他放弃了经纪人的工作后,从家里逃了出来,在另外一个小镇找到了一份别的工作。后来,他收到一封信,说他妈妈病了,于是他只得又返回家去，跟家人待在一起。

凭着这段记忆，我们可以推测他的母亲对他一定是娇生惯养，而父亲却对他很严厉。我们应该不难发现，他一直在对抗父亲。当被问到他在家里排行老几时，他说是家里年纪最小的，也是唯一的男孩，另外还有两个姐姐。大姐总是想管着他，而二姐也跟她差不多，父亲又总是唠叨他，他觉得家里除了母亲其他的人都想限制他。

他十四岁时才踏进校门。后来，父亲把他送到一个农业学校。父亲那时打算买个农场，想让他以后做帮手。男孩在学校表现很好，可就是不想成为农场主。无奈之下，他的父亲又把他送去经纪人公司。他竟然能在那里熬上八年，我们对此感到震惊，但是他却解释说，他想尽可能地为了母亲做点事。

他小的时候邋里邋遢、胆小腼腆、怕黑、怕孤单。我们一听到哪个孩子邋遢，就应该马上想到那个替他们收拾卫生的人。当我们听说哪个孩子怕黑、怕孤单，就得去找找关注他、安抚他的人。对这个男孩来说，那个人就是他的母亲。他觉得交朋友是件难事，但是在陌生人中间他也觉得很合群。他从没有恋爱过，他对恋爱毫无兴趣，根本不想结婚。他觉得父母的婚姻并不幸福，这就是他排斥婚姻的原因。

在经纪人公司上班时，他又继续受到来自父亲的压力。他自己很想去广告行业工作，但是他认为家里不会给他提供接受广告职业培训的学费。我们无时无刻不能感到他在跟父亲作对。当他做经纪人时，他已经自食其力了，但是从没想过花自己的钱学习广告。他如今才想到这件事,其实是在给父亲找个新别扭。

他的早期记忆显然是一个受到溺爱的孩子对严厉的父亲发出的抗议。他记得在父亲经营的饭店打工的情景。他喜欢洗盘子,常常会把盘子从一张桌子换到另一张桌子上去。父亲认为他在捣乱,因此大为光火,当着顾客的面,扇了他一记耳光。这一经历让他憎恨父亲,而且一辈子都在跟他作对,根本没心思工作,只有父亲受到伤害才能让他满意。

他想要自杀的原因其实很容易理解。每一次自杀的念头都是一种责备,他其实都是借此在说:"都怪我父亲。"只要是父亲提出来的计划,都会遭到他的反对。但他又是个在溺爱中长大的孩子,缺乏独立性。他真的一点也不想工作。虽然他只想游戏人生,但还是能跟母亲有一定的合作。可是,失眠和父子之间的不和有什么关系呢?

如果前天晚上睡不着,第二天他就无法工作。他的父亲想要他工作,但是这个男孩却身体疲惫,觉得自己不能上班。当然,他会这么说:"我不想去上班,没人能逼我上班。"可是,他很关心母亲的感受,以及家里的经济状况,所以只是说说而已。如果他坚持不上班,家里人会认为他无可救药,不会再供养他了。他必须为自己找个理由,因此他就患上了失眠症。

起初他说自己从来不做梦,但是后来,他想起来一个经常做的梦。他梦见有人拿着球往墙上扔去,球撞到墙壁上反弹回来。这个梦看似寻常,和他的人生态度有什么关联呢?

我们问他："然后发生了什么？"他说："球一弹回来，我就醒了。"这下他失眠的全过程清楚地展示出来了。他把梦当成了叫他起床的闹铃。他觉得每个人都向前推他，强迫他做一些事。他梦见有人往墙上扔球时就会惊醒，于是他第二天感到疲惫，因为疲惫所以不能去上班。他的父亲对此很着急，这样他采取了迂回战术，打败了父亲。但是如果只是为了跟父亲作对，我们就会觉得他很聪明，竟然会想到这招儿。但是，无论对于他本人，还是他人而言，他的生活态度都是错误的。因此，我们必须想办法改变他。

在我跟他解释了他做梦的原因后，他就不再做这个梦了，但是有时还会半夜醒来。他认识到了自己做这个梦的动机，所以不想再继续做下去，但是第二天醒来时还是感到很疲惫。我们怎么才能帮帮他呢？说服他跟父亲和解是唯一的解决办法。只要他还是一心想激怒并打败父亲，那就无药可救。于是，按照行业惯常做法，我一开始先是承认了他的这种状况还是情有可原的。

"你父亲做得不对，"我说，"他一直试图用父亲的权威来压制你绝对不是明智之举。或许他自己也有病，需要治疗，但是你能做什么呢？不要期望他能有什么改变。比如天下雨了，你能做些什么呢？可以带把伞，或者叫辆出租车，跟雨较劲没什么用，你要它停，它也不会停。现在你的做法就像是在跟雨较劲。你觉得这可以表现你的强大，你能从中占到便宜，但是事实上，你对自己的伤害才是最大的。"

我给他解释他遇到的所有问题的内在关联性——职业上的犹豫、自杀的念头、出走的行为以及失眠的症状，这都说明他想通过这些折磨自己的方式来折磨他的父亲。我向他建议说："今晚睡觉时，想象自己会不时地醒过来，这样明天醒来你就会感到疲劳。想象明天因为太累不能上班，会把父亲气得发一顿脾气。"我想要他勇于面对这样一个事实，即他在力图惹毛父亲，让他受到伤害。只要这场父子战争没有结束，一切治疗都将是徒劳。他是被宠坏的孩子，我们能看出来，所幸现在他也明白了这一点。

这种情况类似于所谓的恋母情结：年轻人和母亲关系亲密，但是却一心想伤害父亲。但是，这跟性无关。他的母亲对他百依百顺，而父亲却很冷酷。他的家教是错误的，他的人生态度也是扭曲的。这不是遗传因素造成的。这不同于那些想要杀死并吃掉部落首领的野蛮本能，这是一种源于他亲身经历的创造。只要一个孩子有像他那样溺爱他的母亲和严厉过度的父亲，这种情结就会产生。如果孩子与父亲为敌，同时又不能自己独立解决难题，自然就会形成这样的人生态度。

第五章 梦 境

几乎人人都会做梦，但是很少有人理解他们的梦境，这真是件令人匪夷所思的事情，毕竟，做梦是人类一项普通的精神活动。人们总是对梦境很感兴趣，很想知道它们意味着什么。有些人觉得自己的梦境意义深远，虽难以理解但意义重大，这种对梦的兴趣可以追溯到人类最远古的时代。但是总体来说，人们仍然不知道他们在梦里会做些什么，或者为什么会做梦。据我所知，只有两个称得上全面又系统的梦的解析理论，即弗洛伊德流派和个体心理学派。其中，或许只有个体心理学的研究方法才合乎情理。

过去对梦做出的解析

过去，人们在解释梦境方面做了很多的尝试，虽然缺乏科学性，但仍然具有一定的意义。通过前人的尝试，我们至少可以知道人们对梦的看法和态度，因此就能更加接近做梦的目的。在调查之初，我们发现人们总是理所当然地认为梦跟未来有着某种关联。过去人们常常认为某种主宰精神、神灵或者已逝的先

第五章　梦　境

人会在他们做梦时附在他们身上，还有一些会托梦给他们，指引他们渡过难关。

有些古老的解梦书籍认为梦可以预测未来。原始人都从梦境中寻找征兆和预言。希腊人和埃及人会去寺庙祈求神灵，希望神能托梦给他，指点他的未来命运。这些梦被视为除去心病的有效药。美洲印第安人通过涤罪、斋戒或发汗浴等活动，想尽办法地进入梦境，按照梦境中的启示行事。《旧约》中出现的梦境总是能够预示未来会发生的事情。即使到了今天，仍有人坚定地认为梦真的能变成现实。他们觉得自己在梦中具有超感能力，相信梦境能够预知未来。

从科学的角度来看，这些观点似乎荒诞不经。在我一开始接触解梦的尝试中，就清楚地知道人们在梦中的预测能力比不上清醒时的预测力。梦中的思考不可能比清醒时的思考更具智慧和预测性，相反它往往会把事情搞得更加混乱，让人头脑更糊涂。然而存在即合理，如果我们能够对梦进行恰当的思考，或许梦真的会给我们提供需要的帮助。

我们看到，有人认为梦境可以帮助他们应对生活中的难题。由此我们可以断言，人们做梦是为了借助梦境，指引未来，解决问题，可这还远远不能让我们接受梦是预言的观点。我们仍需考虑需要什么样的解决办法，去哪里能找到这些解决办法。很显然，我们通过把握全局找出的办法似乎比任何一种梦的启示都更为靠谱。实际上，这样表述更为恰当：人们做梦的目的就是希望睡着的时候能解决掉遇到的难题。

弗洛伊德对梦的观点

　　弗洛伊德试图从科学的角度对梦进行解析，但是，在某些观点上，弗洛伊德对梦的解析却偏离了科学的领域。比如，他假定白天的精神活动和夜里的精神活动是不同的。他分别用了"有意识的"和"无意识的"两个字眼将二者放在了对立面上，而且他认为梦中的思考有自己的一套不同于日常思考的规律。把事物对立起来是不科学的。在研究原始民族和古代哲学家的思想时，我们总是会看到他们习惯地把概念相互对比，将它们对立起来。这种思维上的对照法或二元法在神经官能症患者身上可以找到。通常人们会认为左和右是一对矛盾，男和女，热和冷，轻和重，强和弱，也都是相互矛盾的。从科学的角度看，它们并不是矛盾体，而是同一事物的变体。它们都是不同的刻度，按照它们跟某种虚构的标准接近程度依次排列。好和坏、正常和不正常，并不是真正的对立。不管什么理论，只要是把睡着和清醒、梦中的思考和日常思考对立起来，都是不科学的。

　　早期的弗洛伊德对梦的解析还存在一个问题：梦是性欲的表达。这同样将梦跟人们日常的活动分割开来。如果他的观点正确，梦的意义就不是全部个性的表达，而是个性的一部分表达。弗洛伊德学派的人也认为纯粹从性的角度解释梦是不恰当的。弗洛伊德本人认为，梦还是寻死的无意识表达。我们或许能够找到它的合理之处。我们先前提到过，做梦是为了轻松解决问题，因此表明了个体缺乏直面问题的勇气。但是，弗洛伊德的观点过于隐晦，它不能让我们更清楚地了解梦是如何反映出全部个性的，梦似乎再次跟现实生活完全脱节。不过从弗洛伊德的理论中，我们仍然能够得到有趣而重要的借鉴。比如，梦本身并不重要，重要的是梦所隐含的潜在思想。个体心理学中也有些类似的结论。弗洛伊德心理分析的缺陷在于忽视了科学心理学的首要前提——承认个性的关联性以及人的思想、言行之间的一致性。

这一缺陷在弗洛伊德对解梦关键问题的回答上清晰地显现出来。做梦的目的是什么？为什么要做梦？心理分析专家回答说："是为了满足没能实现的愿望。"这个回答并不全面。比如，如果我们没做梦，或是记不得梦的内容，又或者被梦搞得一头雾水，要是这样的话，哪里还有什么满足感可言？人都会做梦，但是几乎没人明白他们的梦究竟意味着什么。梦能带给我们怎样的乐趣呢？如果将梦境脱离现实，我们只能在梦境中得到满足，说不定就能明白做梦是为了什么。但是如果真的这样，梦和个性之间的关联性将不复存在。对于醒着的人来说，梦也没有什么意义了。

从科学的角度看，无论一个人是在梦中还是清醒着都是同一个人，因此做梦的目的还是跟个性相关。对某一类人而言，我们可以说，他们想借助梦境实现愿望的行为跟个性紧密相关。这类人指的就是那些在溺爱中长大的孩子。他们总是会问："怎么样才能得到我想要的东西呢？生活给了我什么？"这些人常常在梦境中寻求满足感，跟他们在现实中的行为目的一样。实际上，如果我们仔细研究就不难发现，弗洛伊德理论讲的就是那些被溺爱的孩子的心理。这些孩子觉得他们的本性不容置疑，认为别人不应该存在，他们总是会问："我为什么要爱我的邻居？请问他们爱我吗？"

心理分析学家对溺爱的孩子做了最为详尽的阐述，但是争取满足感只是追求优越感的无数表现形式中的一种，因此，我们不能把它当作全部个性表现的主要动机。如果我们真的揭晓了做梦的目的，它将帮助我们理解令人费解的梦和被遗忘的梦的目的了。

个体心理学方法

二十五年以前，当我开始着手研究梦的意义的时候，它就成为我所面临的最为棘手的问题。我明白梦境和现实生活并不矛盾，它与其他行为和生命表现形式相类似。如果我们白天忙着努力达到某种目标，夜里也一定还专注于同样的问题。每个人梦中的潜在目标和现实生活中的目标相同，似乎他们就是做梦也在追求着这一目标。因此梦是人生活态度的产物，跟生活态度协调一致。

第五章 梦 境

人生态度的强化

下面的思考能够直接帮助我们明确做梦的目的。我们一般会在早晨醒来时忘记做过了什么梦，似乎什么都记不得了。是这样吗？真的一点都不记得？我们肯定还会记得梦境带给我们的感受。梦中的画面消失，梦变得费解起来——只有梦中的感觉萦绕心头。做梦的目的一定跟它们所唤起的感觉有关。做梦只是激发情感的一种手段，一种工具，目的就是让人有所感受。

个人的感受总是跟其生活态度一致。梦境和现实的区别也不是绝对的，二者之间并没有严格意义上的区别。概括来说，虽然沉浸于梦境中的人跟现实的联系不如醒着时密切，但是从未跟现实脱节。如果白天我们受到一些问题的困扰，夜里也一定对它们耿耿于怀。睡着时我们也不会让自己从床上掉下来就说明了我们一直都和现实保持着联系，就像人们能够在嘈杂的路上睡着，却会因为孩子细微的动作而醒来。因此，即使在睡着的时候，我们仍旧跟外面的世界保持着联系，只不过感官知觉虽然没有消失，但敏锐程度降低，跟现实的联系没有醒着时那么密切。梦都是个人独处的世界，在梦中，人感受到的社会压力没那么大，对周围的环境也不是太在意。

当我们完全放松，没有心事时才能安心入睡。做梦会惊扰安详的睡眠，因此我们可以说只有人忧心忡忡，压力大，面对有些必须解决的难题时才会做梦。

现在我们就可以研究睡着时人是如何思考问题的。我们不需要对整个情景进行研究，所以问题就简单了许多，而且采用什么样的方法都可以。做梦目的就是支持和强化做梦者的人生态度，并唤起与之一致的情感。可是生活态度为什么还需要支持呢？它会遇到怎样的威胁呢？生活态度很容易受到现实和常识的攻击。因此，做梦的目的就是保护生活态度不受常理的攻击。这就使我们产生了一种有意思的想法，如果一个人面对一些问题时不想用常理来解决，梦境会唤起某种情感让他们的人生态度更加坚定。

乍一看这种观点似乎有悖于我们的现实生活，但是实际上没有任何矛盾的地方，梦境所激发的情感跟清醒时的情感完全一样。如果一个人面对困难不想用常理来解决问题，而是想继续原来的生活态度，那么他们就会找到一切理由为自己辩解，表明自己选择的正确性。比如，一个人的目标是轻松赚钱，不想奋斗，也不想为别人做什么贡献。他们觉得赌博能让人梦想成真。他们知道赌博害得多少人倾家荡产，惹祸上身，但是他们还是想通过赌钱轻松快速地发家致富。他们会做什么？他们幻想通过投机发笔横财，买辆车，从此过上奢侈的生活，成为响当当的富翁。这些想象会激励他们立刻行动起来，最终促使他们违背了常理，沦落为赌徒。

还有许多类似的更为常见的现象。比如在我们工作时，如果有人跟我们津津有味地聊起了看过的一出戏，我们就会恨不得马上扔掉手中的家什，飞奔到剧院去。坠入爱河的人为自己描绘出种种未来，如果他们真的为彼此神魂颠倒，描绘出来的未来一定是美好的，但是如果他们感到心灰意冷，未来就会失去色彩。 然而无论何种状态，都能激发他们的情感。 我们通过这些情感来判断他们属于何种类型。

但是，如果梦醒后只留下了些许的感受，常理又会受到什么影响呢？ 梦境和常理是死对头。 我们发现，那些不被感情所动的人，更愿意相信科学，他们不怎么做梦，甚至压根不做梦。 另外一些人则不想利用正常有效的手段，或者不按常规来解决问题。 常规是合作的一个方面，合作能力差的人不按规矩办事。 不善合作的人会经常做梦。 他们觉得自己的生活态度才是主流，才是合理的。 他们一心想回避现实。 我们可以断言，梦境是连接生活态度和人生问题之间的桥梁，有人宁愿做梦，也不想改变现有的人生态度。 梦境就是做梦者自编自导的一出戏。 它能激发一个人需要的情感。 梦中没有的东西，在一个人性格特点和行为之中也不会存在，所以不论我们是否做梦，解决问题的方式都是一样的，只不过梦境为我们的人生态度提供支持，并且在此基础上进一步强化了人生态度。

如果结论正确，我们对梦的理解又前进了重要的一步：原来做梦是自欺欺人，所有的梦都是自我陶醉，自我催眠。 它全部的目的就是激发一种情绪，让我们以某种状态面对人生问题。 梦所表现出来的个性在日常生活中很常见。 它就好像储存在精神的车间里，时刻准备着为白天的活动提供需要的情感。 如果情况确实如此，梦境的构建和使用的自我欺骗手段就逃不过我们的眼睛。

哪些部分属于自我欺骗呢？ 首先，我们可以发现很多的画面、事件和事故可供选择。我们之前提到过这一点。当人回首过去时,他们会对这些画面和事件进行选择和整理。他们的选择都具有一定的倾向性,经他们筛选出来的记忆,都是跟个人想要变强大的目标相一致。这样说来,记忆一定会受到个人目标的操控。同样的道理,梦也是由人们精挑细选出一些事件构建而成,这些事件有利于人生态度的强化。梦境告诉我们人生态度要求我们怎样面对问题。因此被选中的事件表明了人生态度和当前困难之间的联系。在梦中,人生态度表现得我行我素。现实生活中的很多问题需要我们用常规的方法来解决,可是人生态度却仍旧特立独行。

象征和隐喻

梦还有其他素材吗?这个问题从一开始就在人们的研究之中,直到今天。弗洛伊德还强调说,梦主要是由隐喻和象征构成。正如一位心理学家所说:"在梦里,我们都是诗人。"为什么梦境会像诗一样使用隐喻和象征呢?答案其实很简单,如果我们说话直来直去,不是用隐喻或象征,可能就会落入俗套。隐喻和象征可以被随便使用,它们可以把不同的意思串起来,一次可以表达两个意思,但其中一个很可能是错误的,它会误导人们从中得出不合逻辑的判断。隐喻和象征可以激发某些情感,有时也被用在现实生活中。如果我们想纠正某人的行为,我们会说:"不要成为这种孩子!"在我们使用隐喻时会掺杂一些毫不相关的信息,它们只是用来表达某些情绪。一位大个子对一个小个子感到生气时会说:"他就是只虫子,真该踩扁他!"他这就是在用隐喻来表达自己的愤怒之情。

虽然隐喻是一种很好的表达方式,但是我们总是用它来自欺欺人。荷马在描述希腊军队雄狮一般横扫战场的情景时,就用文字创造了一种气势雄伟的画面。如果说他希望原原本本地还原那些又穷又脏的士兵是如何艰难地在战场上爬行的真实场面,我们会相信吗?不——他想让我们认为战士就是威武的雄狮。我们很清楚他们不是狮子,但是如果诗人描写他们怎样累得气喘吁吁、汗流浃背,如何硬着头皮鼓足勇气,如何想方设法避开危险或是他们的武器有多么陈旧等等无数个战争细节,文字就不会那么具有感染力。使用隐喻是为了表现美好、想象和幻觉。然而,我们还是坚决地认为,一个人生态度错误的人使用隐喻和象征常常会招致危险的后果。

学生参加考试是个再普通不过的事情了,只要大胆利用常规方法对待就可以了。但是如果他总是逃避现实,可能就会梦见自己在打仗。他把这个简单的问题用隐喻的方式表达了出来,为自己的胆怯找到了充分的理由。或者他梦见自己站在悬崖边上,为了不掉下去,他必须得往回跑。为了逃避现实,他制造出了这些情感,还自欺欺人地把考试看成悬崖一般危险。同理,我们还能够识别出梦常用的另一个伎俩:它先把一个问题简化总结,避开最初问题的本质部分,然后把其他的非本质部分用隐喻的方式表达出来,把它当作最初的问题来对待。

而另一位更有勇气的学生,眼光更长远些,她希望完成任务，考试过关。但是她仍然需要支持，想要让自己确信——考试对于她的人生来说是必需的。考试前的头一天晚上，她梦见自己站在了高山之巅。梦境将她的状况简单化了。这只能代表她人生中的最小的一部分内容。考试对她而言是件大事，但是她抛却了考试的很多方面，单单专注于成功的预期，以此激发内心的情感来助她成功。第二天起床时，她神清气爽，勇气倍增，心情甚是愉快。她成功地将问题的难度降至最小。尽管她借此得以心安，但这仍然是场骗局。她未按常理考虑问题，梦境只不过是激发了她的信心而已。

有目的地激发某种情感是再普通不过的事了。如果一个人想要跳过一条小溪，可能会数一二三再起跳，但是数数真的那么重要吗？起跳和数数之间有必然的联系吗？二者简直就是风马牛不相及。但是，数数会激发他的情绪，调动他的一切力量。我们所有的精神资源对人生态度的形成、固定和强化都是必不可少的，其中最为重要的一个资源就是激发情感的能力。不论白天还是夜间，我们都在分秒不停地为此努力着，只是它在梦中表现得更为清晰。

下面我想用我自己的一个梦来说说人是如何欺骗自己的。战争期间，我曾经做过治疗战场恐惧症医院的院长。每当我看到一些战士因恐惧无法参与战斗时，我就竭尽所能地让他们做些轻松的工作，他们的紧张感会因此得以放松，治疗常常会卓有成效。一天，一个士兵来找我，他可是我见到过的最有型最强壮的男人了。他心情沮丧极了。我一边给他做检查一边想着怎样

第五章 梦 境

帮助他。 当然，我巴不得把这些遇到麻烦的士兵送回家去，但是我的每个建议都必须经首长批准才行，所以我只好尽心尽力做好分内的事就是了。 这个士兵的问题很棘手，但我还是找到一个恰当的时机对他说："你虽然患有战场恐惧症，但是你仍然健康强壮。 我给你点轻松的活儿干吧，这样你就不用上前线了。"

这位士兵知道了自己不能回家后，非常沮丧地说："我是个穷学生，年迈的父母还指望着我教书挣钱赡养他们呢。 如果我帮不上忙，他们会死掉的。"

我希望能把他送回家去找一份办公室职员的工作，但是我担心首长会对我的这个建议火冒三丈，并有可能一怒之下把他送到前线去。 最终我决定凭良心做事。 我准备给他开个证明，说他只适合警卫工作。 那天晚上我回到家后，夜里做了个噩梦。 我梦见自己成了一名杀人犯，在黑暗中绕着狭窄的街道跑来跑去，脑子里一直想着我刚才把谁给杀了。 我记不起受害者是谁，但是我还记得，"我杀了人，我这辈子完了。 一切都结束了。"

我在噩梦醒来后的第一个念头就是："我到底杀了谁？"接着猛然想到："如果我不能给这位年轻的士兵一个办公室的工作，他就会派去前线送死。 那样我就成了不折不扣的杀人犯了。"我就是这样通过欺骗激发自己的情感。 我没有杀过任何人，即使预想真的发生，我也不会有任何负罪感，只是我的人生态度不允许我冒这个险。 我是一名医生，我的职责是拯救生命，而不是将生命置于危险之中。 我提醒自己，如果我给了他一份轻松的工作，首长可能会因此而把他送到前线去，他的处境反而更糟。

我唯一能做的就是既不违背我的人生态度，又要合乎常理。 于是，我给他开了证明，证明他只适合警卫工作。

后续发生的事证实了做事最好还是要合乎常理。首长看到我的建议后把它扔到一边，我想："他肯定准备把他送到前线去了。我应该当时写上让他去办公室工作。"可是长官的批示却是："机关工作，六个月。"原来这位首长已经被士兵买通并最终放了他一马。 这个年轻人从来没有教过书，他给我讲的全是假话。 他就是想从我这里获得轻松的工作，买通长官批准我的建议。 从那时起，我觉得最好还是不要相信梦为好。

因为做梦的目的是为了愚弄和欺骗自我，所以才让人费解。如果我们能知道梦是怎么回事，它们将再也无法唤起我们某些情感和情绪，也不能欺骗我们了。 如果是这样的话，我们将会更愿意照常理做事，而不会因为做了个梦而冲动行事。 到头来，当我们明白了梦境的含义时，梦的目的也就不复存在了。

虽然梦境是联系目前遇到的实际问题和生活态度的桥梁，但是我们的人生态度不该再被强化，而是应该跟现实结合起来。 梦多种多样，每个梦都能说明人们面对具体情况时，人生态度的哪些方面需要强化。 因此关于每个人的梦的解释都是独特的。 因此想要套用一定的公式来解释象征和隐喻的含义是不可能的事。梦是人生态度的产物，是根据个人对自己具体的状况做出的阐释形成的。 如果我对一些典型梦境做简单描述，绝不是通过这些文字来阐释具体状况，而只是希望大家借此能对梦境及其意义有个大体上的了解。

第五章 梦　境

常见的梦

　　很多人都曾经做过飞翔的梦。跟其他一切别的梦境一样，这种梦的意义在于他们所激发的情感，使他们感到活力四射，充满勇气，人们因此从情绪的低谷跃上波峰。在这样的梦里，克服困难，追求优越感是易如反掌的事情。我们觉得自己充满勇气，目光远大，雄心勃勃，即使睡着，也是不达目的誓不罢休。这些梦都会涉及一个问题："我是继续前进还是就此停步呢？"梦境给出的答案是："你的前途一帆风顺。"

　　几乎所有的人都做过坠落的梦。这一点应该引起我们注意。这说明了人的精神更专注于自我保护，更恐惧失败，他们觉得这比克服困难还要重要。这种梦境很好理解。想想当孩子面临危险时家长通常的做法就是提出警告，让他们提高警惕。孩子总是会听到这样的警告："不要爬到椅子上去！别碰剪刀！离火远点！"他们总是被虚幻的危险所包围。这种方式培养起来的孩子胆小怕事，不能面对真正的危险。

　　如果我们经常在梦中不能动弹或者误了火车，其内在意义就是："如果不需要我操心，这个问题就能解决该多好啊。我得绕个远。晚到一会儿，这样就能逃过去了。我必须故意赶不上火车。"

　　很多人会梦到考试。有时候他们会感到诧异，自己竟然长这么大了还参加考试，或者正在参加一个很久以前就成功通过的考试。对一些人而言，它的意义就是："你还没有准备好面对难题。"对另一些人而言，它的意义却是："你以前必须通过考试，所以现在你也得应付当前的考验。"象征意义因人而异。我们主要考虑的应该是梦境唤起的我们何种情绪，这种情绪又是如何跟我们的整个人生态度相适应的。

病例研究

我曾经治疗过一个三十二岁的神经官能症患者。她在家里排行老二，跟其他家里的老二一样，她很好强，总是想第一个完美地解决一切问题。她来见我的时候已经到了精神崩溃的边缘。之前，她跟一个比她年长的男人谈恋爱，那个男人的事业并不成功。她想嫁给他，但是他却不能为她离婚。她梦见自己在乡下将房子租给了一个男人，他搬进来后不久，她就嫁给了他，可是他却掏不起房租。这个男人既不老实本分，也不勤快，于是她不得不将他赶出家门。我们一眼就能看出这个梦跟她的现状之间存在着关联。她一直在考虑是否应该嫁给一个事业失败的人。她的情人经济状况窘迫，不能养活她。他曾经不带钱就约她外出进餐，更容易让她把他跟梦中的男人相比。梦激发了她对这场婚事的反感。她是个好强的女人，不想跟一个穷光蛋产生什么瓜葛。她利用梦境做隐喻，拷问内心："如果他租了我的房子却付不起房租，那我要怎么办呢？"答案是："他必

第五章 梦 境

须离开这里。"

然而,这个已婚男人并不是她的房客,他不可能跟那个梦中的男人完全相同。不能养家的丈夫跟付不起房租的房客是两回事。但是,为了解决自己的问题,为了更加坚定自己的人生态度,她必须要让自己觉得:"我绝对不能嫁给他。"她不想用常规办法来解决问题,所以选择解决其中一小部分。与此同时,她觉得爱情与婚姻问题很简单,就像是:"一个男人租了我的房子。如果他付不起房租,他就得滚蛋。"

个体心理学治疗的目的是为了增加个人直面人生难题的勇气。很显然,在治疗过程中,人会做不同的梦,会因此变得更加自信。一位抑郁症患者在出院之前的最后一个梦是这样的:"我独自一人坐在凳子上。突然,刮起了暴风雪。幸运的是,我躲过了它。我赶紧回屋去找丈夫。后来,我帮着他从报纸上的广告栏中找到一份合适的工作。"这个病人明白自己梦境的意思,这就清楚地说明她已经跟丈夫和解了。起初她很厌恶丈夫,不留情面地抱怨他的软弱和不思进取。这个梦的意义就是:"最好还是跟丈夫待在一起,这总比一个人独自面对困难要好吧。"虽然我们认同这位患者的结论,但是她之所以跟丈夫和婚姻妥协,其中跟为她操心的亲属们的常理规劝有点关系。孤独的危险被过分夸大,而她还没有独立生活的勇气。

一个十岁的男孩子被带到了我的诊所。学校老师诉苦说这个孩子自私狭隘,道德败坏。他在学校偷了东西放到其他男生的桌洞里,让他们受到批评。一个孩子使用这种手段,只是想要羞辱他人，想证明别人的自私狭隘和道德败坏，并由此表明自己不是那样的人。 如果他想出了这一招，我们就能推测这种行为一定是跟家里人有关，他一定是觉得家里有人亏欠了他什么。这个十岁的男孩在街上向孕妇扔石块，招惹麻烦。 他这个年纪本应该知道怀孕是怎么回事。 我们怀疑他讨厌怀孕这种事，但还必须要明确他是否有个令他讨厌的弟弟或妹妹。 老师评价他是"害群之马"，他骚扰别的孩子，骂他们，背后说他们的坏话，他还追着打女生。 种种行为都表明他家里可能有个妹妹是他的竞争对手。

后来我们得知，他在家里是长子，还有个比他小四岁的妹妹。 据他母亲说，他很爱自己的妹妹，一直对她很好。 我们对此深表怀疑——根据他的行为判断，他是不可能对妹妹好的——我们的怀疑在后面会得到证实。 他的母亲还说她跟丈夫的关系很融洽。 对于这个孩子而言，确实令人遗憾。 显然，他的家长不应该为孩子的行为负任何责任，这些不良行为都是来自他邪恶的本性，或是命中注定，甚至可能是来某个远祖的遗传！

我们在研究中经常会遇到这样的情况：幸福的婚姻、优秀的父母、惹人讨厌的孩子。 对教师、心理学家、律师和法官而言，这种情况并不罕见。 实际上，"幸福"婚姻会给男孩子造成这样一个很大的困扰，即母亲对父亲的关注会让他很生气。 他只想要母亲关注他一个人，因此一看到母亲对谁好，他就心生怨恨。 如果说幸福的婚姻对孩子成长不利，而不幸福的婚姻对孩子的危害又更大，那么我们要怎么办呢？ 我们必须一开始就培

第五章 梦　境

养孩子的合作能力，绝对不能让他只依赖父母中的一方。这个男孩子是被宠坏了，他想一直被母亲关注，因此当他感到被忽视时，就会故意惹麻烦。

我们再次直接证实了此前的疑虑。这位母亲从来不自己惩罚孩子，她总是要等着孩子爸爸回家来惩罚他。她或许会认为自己气势太弱，只有男人才能强势地发号施令，实施惩罚。或许她想一直把孩子拴在身边，不想失去孩子对她的依恋。无论怎样，她都是在误导孩子，造成孩子不关注父亲，不跟父亲合作的后果，父子之间必然会产生种种摩擦。我们听说这个家里的父亲很爱妻子和家庭，但却因为这个孩子而害怕回家。他会严厉地惩罚他，甚至经常揍他。据说，孩子并不讨厌他的父亲。这是不可能的——他可不傻，他只是学会了掩饰自己的感情而已。

他虽然疼爱自己的妹妹，却不跟她好好玩，还经常打她或踢她。晚上，他睡在餐厅的沙发床上，而妹妹睡在父母房间的小床上。假设我们就是那个男孩儿，一定能够体会他的心情，他一定很讨厌父母房间的那张小床。如果我们站在他的角度去思考，去感受，就能发现，他一直想成为母亲关注的焦点。可是夜里，妹妹却跟母亲挨得更近，因此他得想办法拉近母亲跟他的距离。这个男孩子身体健康，出生时顺产，一直吃了七个月的母乳。可能是因为胃肠功能太弱，他第一次用奶瓶喝奶时就吐奶了，这种吐奶的情况一直持续到三岁。现在他胃口很好，营养全面，只是胃还是不好，他把它看成自己的一个弱点。现在我们更能明白他为什么朝孕妇扔石块了。他对食物过分挑剔，如果他对准备好的食物没有胃口，他的母亲会给他钱，让他出去买自己喜欢吃的东西。然而，他却到处跟邻居抱怨说父母不让他吃饱。这成为他的拿手好戏，其实就是想要通过诋毁别人来获取优越感。

他来诊所时向我们描述了曾经做过的一个梦，现在我们已经搞清楚那个梦的含义了。他说："我梦见自己变成了一个西部牛仔，被送到了墨西哥，我拼命想回到美国去。一个墨西哥人拦住我，我就朝他肚子踢了过去。"这个梦给他留下了这样的感受："我被敌人包围着。我必须跟他们抗争决斗。"在美国人眼中，牛仔就是英雄的化身，他认为追赶小女孩，踢别人肚子都是充满英雄气概的行为。我们已经看出肚子对他而言意义重大——他认为那是人脆弱的地方。他自己的胃不好，而他父亲总是抱怨自己的胃痉挛。肚子对这家人来说意义非凡。这个男孩的目的就是攻击人最脆弱的地方。

他的梦境与行为都与他的人生态度相一致。他一直活在梦里，如果不能把他从梦中唤醒，他的生活还会是老样子。他不仅会跟父亲、妹妹、小孩子，特别是女孩子作对，而且也不会配合医生做治疗。他会在梦的怂恿下继续以往的行为，想通过征服别人成为英雄。除非他能够明白自己在自欺欺人，否则任何治疗都不管用。

我们在诊所里把梦解释给他听。他觉得自己生活的世界对他充满敌意，梦中的墨西哥人代表着那些想惩罚他阻止他的人，

第五章 梦 境

这些人都是他眼中的敌人。 第二次他来诊所时,我们问他:"自从我们上次见面后,你发现自己有什么变化吗?"

"我一直是个坏男孩。"他这样回答。

"你做了些什么?"

"我追赶一个女孩儿。"

这些话根本不是忏悔,分明是一种吹嘘和攻击。 诊所的人都努力改变他,但是他却坚持要做个坏男孩。 他一直说:"别对我抱任何希望了。 我也会踢你的肚子。"该拿他怎么办呢? 他还活在梦里,继续做他的英雄。 我们必须想办法消除他从英雄角色中获得的满足感。

我们问他:"你觉得英雄会追赶人家女孩子吗? 难道这也算英雄所为? 你要是想当英雄,就该去追比你大比你壮的女孩儿啊。 或者你根本不应该去追赶任何女孩子。"这是治疗的一个方面。 我们必须让他清醒,不要再执拗地继续原来的人生态度了。 正如一句古老的德国谚语所说:"朝汤里吐口水。"只有这样,他才能放弃那碗汤,他的不当行为才能被叫停。 治疗的另一个方面就是鼓励他跟人合作,从对社会有益的行为中找到人生的意义。 如果人们根本不用害怕自己社会生活的失败,就不会有人做出违背社会利益的事情。

一位二十四岁的独居女士在一个单位做秘书。 她抱怨说实在忍受不了老板的盛气凌人。 她还觉得自己不会交朋友。 经验告诉我们,如果一个人没有朋友,那是因为他们控制欲太强。 他们只是对自己感兴趣,他们的目标就是想显得比别人强。 或许她的老板恰恰跟她属于同一类人，都想控制别人。这样的人狭路相逢，相处起来困难可想而知。这位女士是家中七个孩子中最小的一个，最受宠爱。她的小名叫"汤姆"，她一直想做个男孩。我们由此更加怀疑，她的目标就是通过控制别人显示自己的强大。她觉得，只有男性才能成为主宰，能够控制别人，而不会受到别人控制。

她容貌秀丽，但是她认为人们只是因为她漂亮才喜欢她的，因此，她非常害怕身材走样或毁容。在如今这个社会，有魅力的人更容易让人印象深刻，也更容易控制别人，这个女人很清楚这一点。然而，她想成为男人，想用男人的方式控制他人。因此，她对自己的漂亮并不是特别在意。

她的早期记忆显示她曾被一个男人吓到过，并且自己承认仍然害怕遭到抢劫和攻击。这似乎有些奇怪，她一方面想成为男人，而另一方面却又害怕抢劫犯和攻击者，其实这不足为奇。她意识到自己的弱点，于是才树立了这样的目标。她一心只想控制一切，让别人听命于她。她无力控制抢劫犯和攻击者，因此她想要干掉他们。她希望能很容易地变成男性，如果不能，她就将失败归咎于外在条件。这种普遍的对自己女性角色的不满，即是我所说的"男性钦慕"，常常会激起一种紧张的情感——"我是男人，我要克服自己身上的女性弱点。"

现在让我们试着在她梦境中寻找同样的情感。在梦里，她经常是孤零零的一个人。她是个被宠坏的孩子，梦的意义是"必须有人看着我，把我一个人留下太不安全了，我可能会遭到

第五章 梦　境

攻击或压制"。她还经常做另一种梦，在梦里她总是会弄丢钱包。她一直提醒自己："小心点，你老是丢东西。"她什么也不想失去，特别是不想失去对别人的控制。她用丢钱包这种事来代表她的这种念头。这个事例又一次证明了梦可以通过唤起某种情感来强化人生态度。她实际上没丢过钱包，只是做梦而已，但是梦中的感觉却存留了下来。

她的一个更长的梦会让我们更加清楚地了解她的人生态度。"我梦见自己去游泳，那里人太多了。好像是有人看到我站在他们头上，随即尖叫起来，我真害怕会摔下去。"如果我是一个雕塑家，我会这样来雕刻她的形象：站在别人头上，把别人当作底座。这就是她的人生态度，她喜欢这样的感觉。她也意识到了自己处境的危险，认为别人应当也能看出来，他们应该继续关注她，关心她，好让她继续高高在上！她觉得游泳并不安全，这就是她人生的全部写照。"身为女儿身，心是男儿心"成为她的心理目标。跟其他家中最小的孩子一样，她很好强，但是她只是想显得比别人强，实际上并不能对人生状况做出恰当的应对。她总是被害怕失败的情绪笼罩。要想帮助她，我们就必须想办法让她接受自己的女性角色，消除她的恐惧，纠正她对男性角色的过高估计，帮助她友好而平等地待人接物。

一个女孩的弟弟在一次事故中遇难，当时她才十三岁，她是这样讲述自己的早期记忆的："当我的弟弟蹒跚学步的时候，一天他紧紧抓着一把椅子想站起来，椅子却倒了砸在他身上。"这是另外一个事故，我们从中可以看出她对危险印象深刻。"我经常做一个奇怪的梦,梦见自己走在路上,路上有个洞,而我却没有看到。我一直往前走,直到跌进那个洞里。洞里灌满了水,我一摸到水就醒了,当时心突突地跳得很快。"

我们并没有像她那样觉得这个梦有多奇怪,但是如果她继续用这个梦吓自己,她一定会觉得它离奇得难以理解。梦会告诉她:"提高警惕!你对一些危险毫无防备。"然而,它的意义还不止这些。如果你已经掉下来了,就不可能有跌落的事情发生。如果她有跌落的危险,那她一定是想象着自己高人一等。正如她在讲述最后一个梦中一直念叨的那样:"我高高在上,但是我得多加小心,免得自己摔下来。"

另外一个事例能够说明,一个人的早期记忆和梦境都体现了同样的人生态度。一个女孩告诉我们:"我记得我对一栋在建的公寓楼非常感兴趣。"我们由此推测她很懂得合作。没人会认为一个小女孩会参与房屋的建设,但是她的兴趣却反映出她乐于跟别人分担工作。"我一个小不点,站在高大的窗户前,那些方形的玻璃仍然清晰可见,一如昨日。"如果她觉得楼高,她的头脑中一定已经有了高低对比的概念。她的意思是说:"窗户很大,我却很小。"对于她低估了自己的个头,我一点也不觉得奇怪,正是因为这一点,她才对比较对象颇感兴趣。她说这个记忆尤为清晰,实际上有点自我吹嘘。

现在我们再来看看她的梦。"其他几个人跟我一起坐在行驶的车里,"正如我们推测的那样,她的确善于合作,因为她喜欢跟别人共处。"汽车在一个树林前停了下来,大家都下了车,向树林里跑去。他们大部分都比我大。"她又一次注意到了大小。"但是我还是赶上了电梯，下到了一个十英尺深的矿井里。我们当时想现在如果走出电梯，一定会中毒。"现在她在描述一种危险。大部分的人都害怕遇到危险，人类有时候也很懦弱。但是，她继续说道："我们安全无恙地走出了电梯。"可以看出她还是个乐天派呢。一个善于合作的人往往也是勇敢乐观的人。"我们在那里停留片刻，然后乘电梯上来，飞快地向汽车跑去。"我断定虽然这个女士一直都很善于合作，但是她还是想变得更强大些。我们从中能够感受到某种不安的情绪，比如她似乎一直都是踮着脚尖站着，但是她对别人的好感和共担责任的兴趣可以缓解这一负面情绪。

第六章　家庭环境的影响

母亲的角色

新生命从呱呱坠地那一刻开始就已经建立了跟母亲的关系。这就是他们全部的目的。在这以后的数月里，母亲都是他们生命中最重要的人，几乎成了孩子全部的依靠。从这时起，孩子的合作能力开始产生。母亲是孩子最先接触到的人，也是引起他们关注的除自身之外的第一人。母亲是孩子与社会沟通的第一条纽带。如果一个孩子没有与母亲或者能够替代母亲位置的人建立联系，最终必将走向灭亡。

这种母子间的联系不仅非常亲密，而且意义深远，以至于在他们长大以后，我们无法区分出哪些是遗传因素。可能一切遗传因素都会在母亲的影响下得到重塑，使之适应以后的生活。不论是否具备做母亲的技能，她都会影响孩子的潜能发展。所谓的"母亲的技能"仅仅是指母亲跟孩子合作的能力以及培养孩子懂得合作的能力。这种能力不是一套死板的规定，每天都有不同的情况发生。在千变万化的生活中，她必须能够洞察到孩子的需要，并给予理解。只有当一位母亲真的关心孩子，想要赢得孩子的爱，并希望保护他的利益不受损害时，才能真正具备这些技能。

母亲所有的行为都体现了她的人生态度。抱起孩子、跟他讲话、帮他洗澡或者喂他吃饭，都是母亲跟孩子培养感情的机会。如果她没有为人母的这些技能，或者根本不关注孩子，做事就会显得笨手笨脚，孩子也不听她的话。如果一位母亲不会给孩子洗澡，孩子就会觉得洗澡是件让人不舒服的事。孩子不愿意跟这样的母亲亲近，总是想办法躲着她。因此，作为母亲，必须懂得用什么样的行为，弄什么样的动静哄着孩子去睡觉，知道什么时候得看着他，什么时候又放手让他独处。她还得关注孩子的生长环境，比如新鲜空气、适宜的室内温度、全面的营养、充足的睡眠、好习惯养成、清洁卫生等等。在这种养育过程中，孩子如果喜欢母亲，就愿意跟母亲合作，如果不喜欢，他们就会对母亲产生排斥心理。

做一名合格的母亲并无秘诀。一切技能都是在对孩子的关注和生活实践中练就的。女人在很小的时候就已经开始为做母亲而做准备，比如，她们愿意呵护更年幼的孩子，喜欢婴儿，关注母亲所做的事。男孩与女孩的养育方式不应该一样，因为他们未来担负着不同的责任。如果我们希望女孩子都能将来做个合格的母亲，那么就应该朝着这个目标培养她们，让她们乐于接受为人母的角色，认为做母亲是一件创造性的活动，这样，当她们将来真正做了母亲，就不会对自己的角色感到不满。

不幸的是，西方文化并不推崇母性角色。如果社会上重男轻女，认为男性才是最优越的性别——女孩子自然而然就会反感未来的为人母的责任，没人愿意低人一等。当女孩子成家后，面临着生养孩子的任务时，就会表现出这样那样的抵触行为。她们不愿意，也不准备要孩子，一点也不期待做母亲，当然也看不出为人母是一个有意思的创造性的活动。

这个可能算得上我们社会最大的问题了，但是却没人想做些努力改变现状。一个女孩到母亲的成长历程跟整个社会的发展紧密相连。可是在现实生活中普遍存在着男尊女卑，女性的重要性被低估。甚至小男孩都认为家务活是用人的工作，做任何家务活似乎都有损于他们男性的尊严。女人一天到晚围着屋子料理家务，在男人眼中，这只是她们分内的杂活，根本算不上什么事业。

如果女人真正明白操持家务活和管理家务事是一门艺术，并且能够对它一直保持兴趣，让家里其他的人过上轻松自在和多姿多彩的生活，那么她就会认为操持家务跟其他工作同等重要。从另一方面来说，如果做家务的男人被认为特别没出息，那么女人不想生孩子，抵触所谓的责任，又有什么令人吃惊的呢？她们认为一开始就应该明确男女一律平等，应赋予同样的权利和机会，这样女性潜力才能得到充分的发挥。不过，潜能的充分发挥需要社会情感的指引，假设没有外力的约束，女性潜能就能在社会情感的指引下，沿着正确的方向得以发展。

只要女性的作用被低估，美满婚姻就会化为泡影。如果女性认为抚养孩子是个低人一等的工作，她们为人母的技能就不可能得到很好的发展，孩子在生命之初必需的关心、理解和同情都会缺失，孩子的人生也不可能有个好的开端。如果女性对自己的角色不满，她们的人生目标就会妨碍良好的母子关系的建立。她们的人生目标与别的女人不同，她们一心想证明自己比别人强，所以孩子只能让她们觉得讨厌，心烦意乱。如果我们追根溯源去寻找她们人生失败的原因，总能发现她们的母亲几乎都不是合格的母亲，没有给孩子一个良好的开始。如果女性成年后不能成为合格的母亲，不满自己的角色，对孩子不感兴趣，整个人类社会必将岌岌可危。

但是，我们不能因为她们做母亲不合格就认定她们有罪，这根本谈不上罪过。或许这些母亲没有接受过合作能力的培训，她们在婚姻生活中感到的是压抑，而不是幸福；她们对自己的状况感到困惑、忧虑、担心，严重的甚至会感到绝望。有很多因素会阻碍家庭幸福，比如母亲身体欠佳，本来想要跟孩子们亲近亲近，但是等到下班回到家时，她已经是身心俱疲；再比如家里经济拮据，孩子们吃穿用度都成问题，哪有幸福可言。其实，孩子们的经历对他们的行为并无引导作用，起作用的是他们的经验。我们在调查问题儿童的成长背景时，总会发现他们很难跟母亲相处，但是面对同样的问题，也有孩子能够成功地加以解决。让我们再次回到个体心理学的基本观点上来：性格形成的原因并不是固定的，孩子们既可以利用已有的经验实现个人目标，这些经验也能促成他们人生观的形成。我们不能因为一个孩子没有得到尽心的养育就认定他将来会成为罪犯，我们要了解的是他们从经历中获得了什么。

然而有一点是明确的，如果一个女人不愿意做母亲，她跟孩子都会遇到巨大的困难和压力。但是要知道母性本能是多么地强大啊！调查显示，母亲最强大的本能就是保护孩子免受伤害。对一切动物来说，比如老鼠和猴子，母性本能比性欲和食欲还要强大，如果非要让它们在其中做一选择的话，母性本能就会占上风。

母性本能跟性无关，而是为了达到一定的合作目的。母亲总是把孩子视作自己生活的一部分。她通过孩子跟世界发生联系。她觉得自己能够掌控生死，觉得孩子就是她的创造。如同上帝造人一般，她也能创造出鲜活的生命。人类努力的目标就是让自己变得强大，期待成为母亲就是其中的一个方面。这一例证再清楚不过地说明，我们应该遵从人类最深的社会情感去为社会和他人做贡献。

当然，有的母亲会夸大孩子在她人生中的重要性，把他们当作人生目标的一部分。她想让孩子完全依附于她，掌控他们的生活，希望他们永远陪在身边。这里有个案例，主人公是个七十二岁的农妇，她的儿子五十岁了还一直跟她生活在一起。他俩同时患上肺炎，母亲康复了，但是儿子死在医院。当这位母亲得知儿子的死讯后，说道："我就知道自己养不好他。"她觉得自己有责任负担孩子的终生，根本不让他融入社会。我们从中认识到，如果一位母亲不能将母子关系进一步延伸，不能引导孩子跟周围环境平等地进行合作，定会铸成大错。

母亲的人际关系也并不简单，所以母子关系也不应该被过度重视，这对双方都有好处。如果一个问题被过度重视，那么其他的问题必定被忽视，而这个吸引所有注意力的问题也不可能得到有效解决。对一位母亲而言，不仅有母子关系，还有夫妻关系和社会关系。这三种关系都应受到同样的关注，应该用平常心去面对这三种关系。如果一位母亲只看中母子关系，就不可避免地会溺爱孩子，孩子如果被惯坏，他们的独立性和合作能力就难以发展。她一旦成功地把孩子拴在身边，下一个任务就会是让孩子关注父亲。可是，如果这位母亲自己都不关注孩子的父亲，孩子们就不可能对父亲感兴趣。她必须引导孩子关注他人，比如家里的兄弟姐妹，亲戚朋友，甚至整个社会。因此，母亲肩负着双重任务。她必须最先赢得孩子的信任，而后又得将孩子对她的信任延伸到整个社会。

如果一位母亲只想让孩子关注她自己，孩子将来就不愿意关注别人。他们向母亲寻求帮助，如果其他人想从他母亲那里得到关爱，那会让他们心里产生一种剥夺感，因此不论那个人是母亲的配偶还是家里其他的孩子，都会被他们视为敌人。他们最终形成这样一个观点："妈妈只属于我一个人，不属于其他任何人。"

但是大多数情况下，现代心理学家们总是会对此产生误解。比如弗洛伊德理论中的俄狄浦斯情结认为，男孩子会爱上他们的母亲，希望跟母亲结婚，他们憎恶父亲，希望杀死他们。如果我们了解儿童的发育过程就绝对不会有这种错误的想法。只有当一个孩子想成为母亲关注的焦点而排斥所有其他人时，才会表现出这种情结。这跟性无关。他只是想完全控制母亲，让她成为自己言听计从的仆人。只有那些受到母亲溺爱，对外界毫不关心的孩子才会出现这种情形。有一些男孩子只跟母亲交流，把她当作爱情和婚姻的对象，这样一种人生态度只能说明，除了母亲，他不能跟其他人合作。他不相信别的女人会像母亲一样做他忠实的仆人。因此，俄狄浦斯情结其实是错误养育孩子的一种人为产物，绝不是跟遗传有关的乱伦，跟性欲也没有任何关系。

那些一直被母亲拴在身边的孩子，一旦跟母亲分开，总是会出问题。比如，他们去上学或者在公园里和同伴玩耍时也不想跟母亲分开，想要母亲一直陪在身边，希望母亲全身心地关注他们。他们为此会做出种种举动：有的充当母亲的宠儿，总是摆出一副弱不禁风的样子，以求得母亲同情；每次遇到自己不满的事情，就会哭泣或者装病，以示自己多么需要照顾；他们也可能突然发脾气，不听话或者跟母亲顶嘴，都是为了能引起母亲的注意。在问题儿童中，有成千上万种被宠坏的孩子，都在努力获得母亲的关注，同时又竭力排斥跟外界的联系。

为了弥补母亲犯下的错误，干脆让所有的问题儿童都离开母亲，把他们转交到保育员或一些机构的手中是件荒唐事。我们费心费力地寻找母亲的替代品时，其实找的是能扮演母亲角色的人——他们也要像母亲一样对这些孩子感兴趣。孤儿院长大的孩子缺少跟他人进行沟通的纽带，因此对他人不感兴趣。与其这样，还不如训练孩子的母亲去做这件事更容易些。

曾经有人对这些机构里发育状况不好的儿童做过研究。一位保育员或者修女专门负责照顾一个孩子，或者孩子被别人收养，养母必须有精力照顾他们和自己的子女。如果养母选对了，情况就会有很大的改观。抚养这些孩子的最好方式就是为他们找到母亲、父亲乃至整个家庭的替代者。如果我们让孩子离开父母，那么就必须要为他们四下寻找适合的替代人选。很多的问题儿童都是孤儿、私生子、被遗弃的孩子或者离异家庭的孩子。由此可见，母亲对孩子的爱和关注具有何等的重要性!

继母的角色非常难当，丈夫前妻的孩子总是会跟她作对。但是这个问题并不是无法解决，我就曾见过很多继母做得很好。如果孩子失去了母亲，他们将会向父亲索爱。有了继母后，受到父亲溺爱的孩子会觉得失去了父亲的关注，因此会指责继母夺爱。然而，太多的女性不能充分了解这种状况。而继母觉得必须给他点颜色看看，因此孩子真得受委屈了。继母对敌意进行反击，会导致他们更为激烈的反抗。继母跟孩子的战斗注定要失败：争斗既不能打败他们，也不能笼络人心，这种斗争的最后胜出者往往是弱者。孩子不想给予的东西，继母通过争斗也不会得到。如果我们能认识到争斗换不来合作和爱，世界就会少了无数的压力和徒劳的努力。

父亲的角色

在一个家庭里面，父亲的重要性一点也不亚于母亲。父子关系最初不及母子关系亲密，但是后来他对孩子的影响会渐渐显现出来。前文已经说过，如果母亲不能有效地引导孩子对父亲产生兴趣，就会出现种种不好的状况，孩子们的社交兴趣的发展就会严重受阻。不幸福的婚姻对孩子成长颇为不利。母亲不想让丈夫融入她和孩子的生活中，想让孩子完全属于她一个人。或许父母双方都把孩子当作夫妻战争中的人质，谁都想把孩子争取过来，希望得到他们更多的爱。

孩子能熟练地利用父母之间的不和，从中坐收渔翁之利。父母会争着宠爱他们，就是为了更好地控制他们，这样的家庭氛围不可能让孩子学会合作。孩子最早接触到的合作是父母相互间扶持。如果父母之间不能进行良好的合作，也别指望孩子也具有合作能力。另外，父母的婚姻幸福与否会影响孩子对婚姻和两性关系最初的看法。如果父母的婚姻不幸福，他们一开始就会形成错误的婚姻观，对婚姻持悲观的态度，即使成年后，也始终会认为婚姻没什么好结果。他们因此会避免跟异性接触，也不对美满的婚姻抱任何希望。如果父母没有为孩子进入社会做出好的榜样，孩子的心理发育就会出现严重缺陷。在婚姻中，夫妻双方应该为他们共同的利益、孩子的利益以及社会的利益结成合作伙伴。如果其中任何一个方面的利益受损，就不可能有美满的生活。

婚姻本身就是一种合作关系，没人能够凌驾于这种关系之上。我们需要对此给予更多的关注。家庭生活中并不需要权威，如果家中有人特别突出，或者地位比较高，那并不是件好事。如果父亲脾气暴躁，有很强的控制欲，他就会为儿子做出错误的榜样。他的女儿更加遭殃，她们会认为男人都很独断专行，因此在她们看来，女人结婚后就要对丈夫俯首帖耳，言听计从。为了保护自己不会受到男性的伤害，有的女性甚至在成年后变成了同性恋。

如果母亲在家里居于主导地位，整天唠叨不停，情况就会反过来。女孩子们会模仿母亲，变得尖刻而挑剔。男孩子做事总是畏手畏脚，害怕受到批评，时刻处于防御状态，警惕着别人对他的控制。有时候，独断专行的不只是母亲，姐妹和姨妈也一起管束他们，要他们规矩行事。他害怕所有的女人都是这般的唠叨难伺候，因此不想跟任何女人接触。当然，没人喜欢遭受批评，但是如果一个人总是想办法逃避批评，那么他的社会关系就会受到影响。他用自己的一套标准对事情做出判断："我究竟是征服者还是被征服者？"他们认为人与人之间只有你胜我负的关系，根本不存在什么友谊。

我们可以用寥寥数语概括父亲的责任，即：他必须做妻子的好丈夫，孩子的好父亲，社会的好公民。他必须正确地处理人生的三大问题——工作、友谊和爱情。他还必须平等地跟妻子合作，付出关爱，保护家人。他应该始终记着，女性在家庭中的重要性不可小觑。他不能跟妻子争夺家庭中的地位，而是要给予积极的配合。有一点需要特别强调，即使他一个人赚钱养家，也得懂得跟妻子分担，绝对不能表现出他是给予者，而别人都是接受者。只有认为男人赚钱养家只是家庭分工的不同，人们才能拥有美满的婚姻。但是很多父亲却认为自己是家里的经济支柱，所以家里人理所当然都得听他的。家庭里面不应该有统治者，任何让人感到不平等的言行都应该竭力避免。

所有的父亲都应该认识到这一事实，我们的文化过分地重男轻女，由此导致的后果就是，当他结婚成家，他的妻子会在某种程度上害怕受人支配，地位低人一等。他应该明白，不能仅仅因为妻子是女人，不能像他那样赚钱养家就应该地位低下。不论妻子对家里的经济状况贡献大小，如果一个家庭真正实现了合作，谁挣钱，谁花钱，都无需再计较。

父亲对孩子的影响重大，一些孩子甚至一生中都把父亲当作偶像或者最大的敌人来看待。惩罚，尤其是体罚，对孩子造成的伤害最大。任何不友好的教训都是错误的。不幸的是，人们总认为惩罚孩子是父亲该做的事。为什么说这是一种不幸，原因很多。首先，这种现象表明，母亲们认为，女性实际上承担不了抚养孩子的任务，她们太柔弱了，需要更坚实的臂膀助她们一臂之力。如果母亲对孩子说："就等着你爸爸回来吧，有你的好果子吃。"她是在告诉孩子，男人是生活中的最高权威和真正强大的人。其二，父子关系遭到破坏，孩子们对父亲产生畏惧，不再把他们视为好朋友。有些母亲可能是害怕失去孩子对她的爱，因此自己不去惩罚孩子，可是父亲惩罚孩子并不能解决问题。孩子们不会因此少责怪母亲一点，因为父亲是她搬来的救兵。很多母亲仍然在孩子不听话的时候，威胁他们说："我告诉你爸爸去。"试想，孩子们会对父亲的形象又会有着怎样的认识呢？

如果父亲有能力有效地解决人生的三大问题，他会成为家庭不可或缺的一部分，成为一个好丈夫和好父亲。他很自在地跟别人相处，喜欢交朋友。如果他喜欢结交朋友，就说明他已经将家庭融入更大的社交圈子了。他既不封闭自己，也不受传统观念的束缚。家庭会受到外面环境的影响，孩子们也能从他身上学会如何关注社会，怎样跟人合作。

然而，如果夫妻两人没有共同的朋友圈，情况就不妙了。他们应该是同一种人，不能让朋友把他们分开。当然，我不是说他们应该整天黏在一起，从不单独行动，而是说他们要能和谐共处。比如，如果丈夫不想把妻子介绍给朋友，就会出现问题，这种情况说明他不以家庭为中心了。如果孩子懂得家庭只是社会的一个部分，除了家人，外面还有很多可以信赖的人，这种想法对他们自身的发育具有重要的意义。

如果父亲和他自己的父母和兄弟姐妹关系融洽，就说明了他是个善于合作的人。当然，他得离开家，独立生活，但是这并不意味着他不喜欢最亲的人，或是想跟他们断绝关系。有时，男女双方结婚后还很依赖父母，把跟父母的关系放在最重要的地位。他们口中的"家"实际上指的就是父母的家。如果他们还把父母视作家庭中心的话，就不可能建立真正属于他们自己的家。这种局面是因为不善于合作造成的。

有时，父母会有嫉妒心。他们想知道儿子的一切情况，可这往往会给新家庭带来麻烦。他的妻子会觉得他们家人没把她放在眼里，因此对公婆的干涉感到很生气。这种紧张局面的形成常常是因为他的婚事不被父母认可。不好说父母的做法是对还是错。如果他们不满意儿子的婚事，可以在儿子结婚前提出反对，但是儿子一旦结婚，他们只有一件事可以做——尽力确保儿子婚姻的美满。丈夫应该了解家庭问题不可避免，不要因此去劳烦父母。他应该用事实证明自己当初的选择是对的。小夫妻没有必要非得听从父母的意愿，但是如果他们都愿意彼此合作，而妻子又认为公婆都是为了他们好，没有一点私心，相处显然要容易得多。

身为人父，最重要的能力之一就是能解决工作问题。他得经过职业培训，能够养活自己和家人。可能妻子和孩子以后也能帮他分担点经济负担，但是在西方人的观念里，主要还是由男人来负责挣钱养家。他必须努力工作，充满勇气，了解自己的职业，清楚认识到职业的利弊，还必须会跟同事合作，赢得他们的尊重。

父亲的作用还不止这个。他对工作抱有的人生态度对孩子起到了言传身教的作用。因此，他应该仔细考虑自己必须怎样做——要找份对社会有用的工作，为了人类的利益贡献自己的力量。他自认为自己的工作多有意义并不重要，重要的是他的工作有没有实际的价值。 我们无须听他的表白，如果他是个爱吹嘘、很自负的人，只能让我们感到遗憾。 但是，如果他的工作有利于社会公共利益，吹吹牛也没什么大不了的。

现在我们来说说爱情、婚姻以及如何营造幸福有意义的家庭生活。 丈夫首要的任务是关心妻子，而丈夫是否关心妻子，明眼人一眼就能看出来。 如果他对妻子很关心，那么就会关注妻子感兴趣的事，自觉为她考虑。 不只是爱慕她才能说明对她感兴趣，还有其他很多形式足可以证明丈夫对妻子的关切之情。他得陪伴妻子，乐于取悦于她。 只有夫妻双方把他们的共同利益看得比自个的利益还重要，关心对方胜于关心自己，真正的合作方能展开。

丈夫不应该当着孩子的面跟妻子过于亲昵。 夫妻之爱和舐犊情深没有可比性，这一点确是实情。 它们根本就是两回事，不能互相削减。 但是，有的时候，如果父母在他们面前表现得过于亲密，孩子就会感到自己受到了冷落。 他们会产生嫉妒心理，总想在父母之间挑起事端。

性的问题也应该引起重视。 当需要对有关性的问题做出解释时，父母应该小心翼翼，不要主动提供一些信息，只要对孩子的问题做出解释就可以了，而且不能超过他们的理解力。 我认为当今社会存在这样一种倾向，父母对性的问题做出的解释远远超过了孩子的理解力，过早地引起孩子对性的好奇心。 性的问题就这样变得随随便便。 以前的人们在性的问题上总是对孩子撒谎，或者绝口不提这方面的事，而现在的流行做法也不见得比原来好到哪里去。家长最好搞清楚孩子想知道什么，然后针对问题给出解释，而不是把那些我们认为是常识的东西强加于他们。我们必须得到孩子的信任，让他们感到我们愿意跟他们沟通，乐意帮他们解决面临的问题。如果我们能做到这一点，就不会犯大错误。

家长不应该过度强调金钱的重要性，也不要因为经济问题争吵。因为妻子不能挣钱，所以会更加敏感，通常情况下，丈夫并不能意识到这一点，当丈夫指责她们乱花钱时，她们内心就会受到深深的伤害。要处理好家庭经济问题，需要夫妻双方在经济能力允许的范围内互相配合。妻子和孩子也没有理由给丈夫施加压力，提出超出丈夫能力的过分要求。家人一开始就应该在花销上达成一致，这样就不会有人产生依赖性，也不会有人觉得委屈。

有的父亲认为有钱就能给让孩子拥有美好的未来，这是错误的想法。我曾经看到过一个美国人写的有趣的小册子，里面讲了一个出身贫寒的人的故事。他变得有钱后，很希望他的子孙后代都不再受贫困之苦，于是去找律师咨询该怎么办。律师就问他打算让几代人不受穷，他回答说十代子孙。

"是的，您能做得到。"律师对他说，"但是，你想过没有，这十代的任意一个子孙都有包括你在内的五百多位先人，他们都跟他存在着血缘关系，他还能算得上是你一个人的子孙吗？"

这个故事说明我们为子孙所做的一切其实都是在为社会做贡献，个人永远脱离不了跟社会的联系。

家庭不需要权威，但是家人之间的合作是必要的。父母双方必须同心协力，在一切事关孩子教育的问题上都要达成共识。父母在对待孩子的态度上必须做到一碗水端平，这一点至关重要，怎么强调偏心导致的危害也不过分。几乎童年时期的沮丧感都是因为父母的偏心导致的。虽然有时这种感觉并无道理，但是如果家庭成员地位平等，孩子就不可能产生这种情绪。如果父母重男轻女，女孩子就会不可避免地产生自卑心理。孩子都非常敏感，即使原本是好孩子，只是因为觉得父母偏心也有可能选择错误的人生道路。

　　有时，子女中会有一个成长的速度比其他子女都快，或者成长的方式更容易被父母接受，所以父母很难不表现出偏爱之情。父母应该积累养育经验，有技巧地隐藏自己的偏心，否则，其他的孩子都会生活在那个优秀的孩子的阴影中，倍感沮丧。他们不仅心生嫉妒，而且会因此失去自信，合作能力也不能得到进一步发展。对父母而言，保证自己没有偏心还是不够的，还必须得时刻提防着是不是给哪个孩子造成了父母偏心的感觉。

关注与忽视

　　孩子很快就能知道如何赢得父母的关注。比如，被溺爱的孩子总是怕黑。他们并不是害怕黑暗，而是以此为借口跟父母更亲近些。有个这样的孩子总会在夜里哭泣，妈妈听到哭声应声而来,问他:"你为什么害怕?"他的回答是:"太黑了。"他的妈妈一眼就看穿了他,说:"是不是我在这里就没有那么黑了?"黑暗本身并没什么——怕黑只是说明他不想跟母亲分开。他费尽心机,无论是哭泣、叫喊、睡不着或者捣乱,都是为了让妈妈过来陪他。

  教育者和心理学家长久以来一直对恐惧这种情感颇为关注。个体心理学不研究恐惧产生的原因,只想找出恐惧的目的。所有受到溺爱的孩子都容易表现出恐惧,目的是引起关注,借此不要母亲离开他。这种情感已经成为其生活态度的一部分。如果孩子一直受到父母溺爱,而且还想一直受宠,就会表现出胆小的特点。

  有时,这些被宠坏的孩子夜里经常做噩梦,吓得大喊大叫,这种症状司空见惯。但是只要是将睡觉和醒着对立起来,我们就无法对其做出解释。其实,这种对立是错误的。睡觉和醒着不是对立面,而是同一个事物的两个方面。无论孩子们睡着还是醒着,其行为方式并没有什么不同。他们的目的就是让形势对自己有利,这一目的影响着他们的思想和行为。经过一定的训练,积累一定的经验后,他们就能找到实现自己目的的有效办法,即使睡着了,这些办法也潜入他们梦中的思想、画面和记忆。被溺爱的孩子有了几次经验后,就能发现思想催生的噩梦能再次让母亲跟他亲近。即使长大成人,他们也会经常做令人焦虑的噩梦。做噩梦是他们百试不爽的好办法,总能成功引起家长的关注,久而久之,做噩梦就变成了他们的习惯。

表现出焦虑的情绪实在是奏效。要是听说哪个娇生惯养的孩子夜里从来不惹麻烦,我们就会觉得很新鲜。想要引起关注,孩子们有的是办法。比如,一些孩子抱怨被窝不舒服,或者要水喝,一些孩子害怕盗贼和怪物,一些必须要父母坐在床边陪着才能入睡,还有一些做梦从床上掉下来,或者尿床。我负责治疗的一个被溺爱的孩子似乎晚上根本不惹什么麻烦。她妈妈说她晚上很乖,睡得很香,既不做梦,也不会半夜醒来。她只在白天捣乱。我对此感到匪夷所思。我所说的一切能吸引母亲注意,让她跟自己更亲近的方法,她一个都没用过。后来,我才恍然大悟。

"她在哪里睡?"我问她的妈妈。

"睡在我床上。"她回答说。

娇生惯养的孩子总是希望自己生病,因为生病能让他们赢得比平时更多的关注。这些孩子在生病之初,就会表现出问题儿童的端倪,起初看上去似乎是疾病所致。然而事实是,当他们康复后,也会不断地制造麻烦,因为康复后母亲不会再像他生病时那样宠他,因此他们为了报复就会捣乱。有时,孩子发现,生病会让他们成为关注的焦点,于是就希望自己生病,甚至为了被传染上疾病,会亲吻那些生病的孩子。

有个女孩住院四年了,一直受到医生和护士的宠爱。她一开始回到家时,家里人也很宠她,但是几个星期后,家人没有像开始那样关注她了。如果她的要求被拒绝,她就会把手指含在嘴上说:"我生过病啊。"她一直提醒大家自己生过病,想借此创造有利于自己的环境。成年人也会有类似的表现，他们也会经常提到自己的疾病，或者做过的手术。另一方面，一直给父母制造麻烦的孩子反倒在病好后发生了很大的转变，不再捣乱了。身体缺陷会给孩子带来额外的负担，但却不一定就是孩子坏个性形成的原因。因此我们怀疑，身体康复和性格改变之间是否存在关联。

有个男孩子，是家里的次子，经常说谎、偷东西、逃学，表现得冷酷无情、行为叛逆。老师拿他没办法，只好要求他进少管所。就在这时，这个男孩患上了髋关节结核病，打了六个月的石膏绷带。康复后，他却成了家里最规矩的孩子。我们不能相信疾病改变了他，很快我们就清楚了，原来是他意识到了以前所犯的错误。他原来一直认为父母偏爱哥哥，自己不受重视。但是在生病期间，他发现自己成为关注的焦点，家人都在照顾他，帮助他。这个男孩很懂事，从此，他再也不认为自己总是受到冷落了。

平等的手足关系

现在我们要说说家人合作中的一个特别重要的部分——兄弟姐妹之间的互助。只有孩子们感受到平等，才可能融入社会，只有男孩女孩在家里地位一样，两性关系才不会出现重大问题。很多人心生疑惑："同一个家庭的孩子差别怎么那么大？"一些科学家认为差别存在的原因是基因组合的不同，这纯粹是无稽之谈。我们把儿童比作树木，即使树栽在同一片地方，每一棵的生长情况其实也不相同。有的树得到了充足的阳光，土壤肥沃，它对别的树的影响会越来越大，高大使它能够沐浴更多的阳光，根系向四面八方蔓延，以便更多地攫取土壤中的营养成分，其他树木因此长得矮小稀疏。以此类推，如果一个家庭里有一个成员表现非常优秀，其他人就会相形见绌。

父母中任何一方都不应该在家里表现强势。如果父亲非常成功，或者才华横溢，孩子们就会觉得自己永远不可能赶上父亲。他们因此会丧失勇气，对人生的兴趣就会减少。这就是为什么名人的孩子往往没有太大的出息的原因。这些孩子认为自己不可能取得父母那样的成就。因此，即使父母事业有成，也绝对要保持低调，否则太多的自我炫耀会对孩子的成长不利。

孩子们也是如此。如果一个孩子很优秀，他就很可能获得更多的关注和偏爱。这种状况对他而言非常有利，但是对其他孩子没有好处。别的孩子会因此而心生怨恨。无论是谁，都不会心平气和、悠然自得地接受低人一等的地位，这是人之常情。优秀的孩子会伤害其他兄弟姐妹，毫不夸张地说，其他的孩子的成长过程就会缺乏内在的精神动力。他们当然会拼命获得优越感，而且这种努力永无止境。然而，他们选择的方向可能是错误的、不现实的，也不会对社会产生任何意义。

家庭排行

个体心理学通过调查家庭中孩子因地位的不同而具有的相对的优劣势,从而使得研究有了新的突破。为了让大家很容易了解这个问题,咱们先假定父母都是善于合作的人,即使他们尽全力养育自己的儿女,但每个孩子的家庭地位不同,生长条件就不相同,因此成长过程必将受到不同的影响。我们必须再次重申,来自同一个家庭的两个孩子的生长条件是不同的,每个孩子为了适应自己的生长环境,自然会形成不同的人生态度。

长子(女)

所有的长子(女)都曾经做过一段时间的独生子,但是却因为另外一个孩子的降临不得不去适应一种新的生活。通常说来,老大一直备受关注和宠爱,他们已经习惯了成为家庭的焦点。但是随着另一个孩子的到来,他们不再是父母唯一的孩子,他们就会发现自己的地位一夜之间竟然一落千丈。他们有了争宠的对手。这一地位的转变总是会造成很大的影响,很多的问题儿童、神经官能症患者、罪犯、酒徒和心理变态者都跟这种转变有关。另一个孩子的降生对头一个孩子的心理影响最大,由此产生的剥夺感注定会对他整个人生态度产生影响。

其他孩子也会随着更年幼的孩子的降生而遇到同样的遭遇,只是感觉没那么强烈。他们已经学会了跟另一个孩子合作,也从来都不是独享父母关心和照顾。但是，对老大来说，这个变化可谓翻天覆地。要是父母真的因为第二个孩子的降生而忽视了他，他就不可能接受这一现实，因此会心存怨艾，但是我们也不能对他横加指责。当然，如果父母能让他觉得自己并没有失去父母的爱，也不会失去原有的家庭地位，更重要的是，要让他们做好准备迎接家庭新成员，跟父母一起照看小孩子，危机就会化解。但通常的情况却是，他们都没能做好准备，新来的小婴儿的确是分走了父母的关爱。他们开始想办法把妈妈拉回身边，重新引起她的关注。有时，两个孩子争来抢去，都是为了让妈妈陪自己更多一点。

老大更有力气，也能想出很多鬼点子，不难想象他会如何面对这种状况。要是我们遇到他这种情况，也一定会做出同样的事情，不达目的誓不罢休。我们会让母亲担忧，跟她作对，做出种种举动引起母亲的关注——老大绝对能干出这些事，母亲最终会对他们忍无可忍。他们任性地、不顾一切地想要获取母亲的关注，等到母亲厌烦了他们，他们就真的彻底输了。他们觉得自己受到了冷落，实际上，是他们的行为让自己受到了冷落，但是他们对此却振振有词，说："我早就知道会是这样。"他们认为一切都是别人的错，他们自己做得对。他们似乎是陷入了一个陷阱：越是努力，他们的处境越是糟糕。他们一直在为自己的看法寻找理由。如果他们认为自己的想法是对的，那又怎么可能放弃斗争呢？

我们必须对这种争斗的个案进行详细研究。如果母亲给予反击，孩子就会变得爱发脾气、无法无天、吹毛求疵、不服管教。当他们反抗母亲时，父亲总是给他们一个重新得宠的机会，因此，他们对父亲更感兴趣，试图从父亲那里得到关注和爱。所以，长子（女）通常会更喜欢父亲，愿意跟他亲近。我们可以肯定地说，如果孩子更喜欢父亲，这肯定是他人生发展到了第二个阶段：一开始他们喜欢母亲，但是现在失去了她的关注，因此将对母亲的爱转移到父亲身上，以此来表达对母亲的不满，他们经历了情感挫折，遭到拒绝或者排斥才会喜欢上父亲。这些挫折在他们的心理上留下了阴影，使他们无法忘怀。这些心理阴影对他们的整个人生态度都会造成影响。

这种抗争可能会持续很长的时间，甚至是伴随孩子终生。这些孩子表现得好斗，叛逆性强，无论遇到什么情况都倾向于斗争。他们可能得不到任何人的关注，于是变得绝望，觉得不会有人爱自己，通常会表现得脾气暴躁、沉默寡言、特立独行，甚至还会把自己封闭起来。这些孩子的一切言行都表明他们以前曾经是家人关注的焦点。

虽然长子（女）的表现不同，但都说明他们对过去还心存眷恋。他们喜欢回忆过去，谈论往事。他们对过去充满眷恋，对未来悲观失望。一些孩子在失去家里的地位，不再是家里的小皇帝后，会比别人更懂得权力的重要性。长大成人后，他们更愿意玩弄权术，夸大规矩和法律的重要性，认为人人都应该守规矩，任何人不能更改这些规矩。权力也应该掌握在那些权力给予者的手中。由此可见，童年的阴影会造成思想上保守主义的倾向。一旦他们功成名就，总是会怀疑背后有人觊觎他的地位，心存不轨。

虽然家庭中子女的地位问题很特殊，但是经过正确引导，也能变成有利条件。如果在弟弟妹妹出生时，家里的老大已经学会了帮助父母，照顾弟妹，这个问题就不会带来坏的影响。他长大后都愿意保护别人，帮助别人。父母给他树立了榜样。跟弟弟妹妹在一起时，他常常会承担父母的责任，照顾他们，教他们学东西，认为自己应该对他们负责，他的组织才能也因此得以发展。虽然这种保护可能会增加弟弟妹妹的依赖性，或者让他心生统治别人的欲望，但都称得上是正面的例子。

欧洲和美国的研究经历告诉我，大部分的问题儿童都是家中最大的孩子，其次是最小的孩子，他们分别处于家庭中两个极端，这种现象很有意思。我们现有的教育方法还未能成功地解决老大的问题。

次子（女）

家里的次子（女）的地位特殊，是其他孩子无法比拟的。自他们一出生，就跟哥哥或者姐姐分享父母的关注，因此他们比长子（女）的合作能力更强。他的周围有更多的人，如果哥哥姐姐不跟他作对，排斥他，他就可以很好地生活。然而，有个极为重要的事实是，次子（女）的地位让他小时候一直有个榜样。通常情况是，由于哥哥姐姐比他比年纪大，发育早，因此他总是想尽力追上他们。次子（女）的特征明显，他们好像一直处于比赛状态，只要有人比他们略微领先，他们就会尽力赶超前面的人。

《圣经》里面有很多精彩的心理描述，其中雅各布的故事就展示了一个正面的次子形象。雅各布总想事事争先，企图取代以扫的位置，并且赶上他，打败他。次子（女）通常不甘人后，拼命想赶上老大，结果常常会遂人心愿。他们比老大更有天赋，也更有成就。这里我们并未考虑遗传的问题。如果他们成长得更快一些，那只能说明他们更加努力。即使他们长大成人，走向社会，通常也会找到自己的榜样。如果他觉得有人比他强，也会努力赶超他们。

这些特点并不只在人清醒着的时候才体现出来，所有个性的表达都打上了它们的烙印，即使在梦境中也能轻易捕捉到。比如，老大通常会梦见自己从高处坠落。他们是家里的老大，但是却不能保证自己总比弟弟妹妹强。而老二总是梦见比赛，可能在追赶火车，也可能是参加自行车比赛。这些让人感到忙乱的梦境特点鲜明，我们能很容易地判断出做梦者应该就是家里的老二。

然而，我们不得不说，世上根本没有什么一成不变的规则。老大的行为举止并非都一样。决定一个人特点的重要因素是生长环境，而不是出生顺序。有时在一个大家庭中，后出生的孩子跟头一个孩子有着相似的情况。也许两个孩子年龄差距很小，几年后老三降生，之后又有老四、老五。那么老三可能会表现出长子的特点，次子也会一样。在老四、老五之后的孩子，同样会出现老二的典型表现。如果两个孩子年龄差距小，他俩从小在一起长大，跟其他的兄弟姐妹都不在一起，他们也会分别表现出老大和老二的特点。

有时候，如果老大输掉比赛，他们就会出现一些问题。如果他们能保住自己老大的地位，老二又会制造麻烦问题。如果老大是男孩，而老二是女孩，那么老大的地位就难保了。在我们这个社会中，如果他输给女孩，肯定会觉得特别丢人。男孩与女孩之间的竞争比同性的竞争更加激烈。

在这种斗争中，女孩子具有先天优势。在十六岁之前，她们的身心发育比男孩子都要快。我们常常会看到这种情况：哥哥会丧失斗志，变得懈怠和沮丧。他试图通过一些不光彩的手段表现自己的优越，比如吹牛或者撒谎。我们可以拍着胸脯保证女孩子肯定是最后的赢家。男孩子会犯各种错误，而女孩子却能轻松解决所有的问题，取得惊人的进步。这种状况不是不能避免，但是需要我们提前意识到危险，并且采取措施防患于未然。家里人必须做到团结一致，人人平等，善于合作。如果没有竞争的必要，孩子们不会感到自己的地位受到威胁，他们之间就不会发生争斗，不好的结果自然也就不会发生。

老幺（最小的孩子）

除了老幺，其他孩子都有弟弟或妹妹，因此他们都有失去原有地位的可能。但是最小的孩子却不会面临这种威胁，他们没有弟弟妹妹，但是却有很多的榜样。作为家里的老幺，他们最受家长的宠爱。他们跟所有被溺爱的孩子一样面临很多的问题，但是因为他们总是受到榜样的激励，有着很多的竞争对手，因此兄弟姐妹中，老幺通常会发育得最好，进步最快，成就最大。在人类历史上，老幺的地位一成不变。一些古老的传说都向我们表明最小的孩子往往是最优秀的。

我们在《圣经》中也经常看到征服者都是家中的老幺。比如约瑟，他被当作老幺来养育。虽然便雅悯比他小了十七岁，但是他对约瑟的成长没有产生任何影响。约瑟身上体现了老幺典型的生活态度的特点。他时刻在炫耀自己的优势，即使做梦的时候也是如此。别人都得给他下拜，他的光彩让一切人都显得暗淡。他的兄弟们很了解他的梦的意义。对他们而言，这并非难事，因为约瑟跟他们朝夕相伴，所以他们对他的人生态度了如指掌，而且他们也体验过约瑟梦中的情感。他们害怕他，想要除掉他。约瑟虽然年纪排行最小，但是最终却成为了家族的领头羊，直至后来成为整个家庭的栋梁。

老幺最终成为家里的栋梁，这并非偶然现象。人们听说过很多这样的故事，早已对此耳熟能详。实际上，他们处境优越，不仅受到父母和哥哥姐姐的帮助，还有很多激励他成长的榜样，也没人暗地里攻击他或者转移他的注意力。

然而，正如我们所见，老幺在问题儿童中的比例位居第二位。究其原因，是因为他们受到全家人的溺爱。娇生惯养的孩子根本不可能有独立性，而且缺乏自我拼搏取得成功的勇气。老幺总是表现得志向远大，但是最有志向的孩子往往最懒惰。一旦出现懒惰的状态，就说明他们觉得自己的志向脱离现实，根本不可能得以实现,因此感到气馁。有的老幺不承认自己有任何抱负,只是因为他们希望在任何方面都比别人更优秀。他们不想受到束缚,想变得与众不同。同时,一个清楚的事实也摆在我们面前:因为周围的人都比他年龄大、体格壮、经验多,所以老幺往往都有自卑情结。

独生子

独生子也有自己特有的问题。他也有竞争对手,但是这个竞争对手不是他的兄弟姐妹,而是他的父亲。他往往会受到母亲的娇惯。母亲害怕失去他,想一直将他置于自己的保护之中,这就会让独生子产生一种"恋母情结",这样的孩子老是黏着母亲,排斥父亲。如果父母双方能够齐心协力,让孩子对他们都产生兴趣,就可以避免"恋母情结"的形成。但是在大多数情况下,父子关系都不如母子关系亲密。老大常常跟独生子差不多,他们也想超过父亲,并且喜欢跟年长的人在一起。

独生子往往很害怕有个弟弟或妹妹。如果友人说:"你应该有个小弟弟或小妹妹。"他就非常不高兴。他想一直成为家人关注的焦点,认为这是他应有的权利,如果他的地位受到挑战,一定会感到极其难过。如果他不再是家庭的焦点,就会产生很多问题。另外,如果他的父母都是胆小之人,也会造成独生子的这种心理。如果是由于身体原因,父母不能再要孩子,那么我们只能尽力解决独生子的各种问题。但是我们发现,这些独生子的父母往往还可以再要孩子。但是父母既胆小又悲观,他们觉得自己没有经济能力再抚养另一个孩子。这样会造成压抑的家庭气氛，只能给孩子带来负面的影响。

如果孩子之间的年龄差距比较大的话，每个孩子都会具有独生子的些许特征。这不是什么好事情。经常有人问我："你觉得最好隔几年再生孩子？""孩子们的年龄差距小了好还是大了好呢？"根据我的经验，我认为最好的间隔是三年左右。如果有了弟弟妹妹，三岁的孩子已经懂得合作了。他们明白家里也会有别的孩子。可是如果他们只有一岁半或两岁，就不可能明白我们讲的道理，因此，他也不能为迎接弟弟妹妹做好准备。

如果家里只有一个男孩，其余全是女孩，那么这个男孩日子就不会好过。要是父亲大部分时间都不在家，他就完全生活在了女儿国里。他整天跟妈妈和姐妹朝夕相处，看到的都是些家务活。他意识到自己跟她们不同，感到很孤立，更别提这些女人合伙对付他了。她们都认为自己有责任抚养他，或者想要证明他没什么值得骄傲的，因此会出现大量的竞争和冲突。对他来说，最糟糕的情况莫过于上有姐姐下有妹妹，这样他会两面受气。如果他是老大，老二是妹妹，他又会面临激烈的竞争。如果他是老幺，还会被惯坏。

一个男孩生活在女孩堆里不是好事，但是如果他们能够积极参加社交活动，跟家庭以外的孩子接触，问题就能迎刃而解。否则，终日混在女孩堆里，他就会变得女里女气。女性的环境可不同于男女混合的环境。如果家庭没有统一的标准，只是根据个人的喜好来装修房子，那么可以肯定地说，女人住的房子都会整洁干净，她们精心搭配颜色，关注每个细节。可是男人或男孩的房间，就不会如此整洁，房间里家具破损，到处都是乱七八糟。要是家里只有一个男孩，其余都是女孩，那么他的审美观和价值观都会变得女性化。

从另一方面来说，男孩子会对这种家庭氛围强烈抗议，极力展现自己的男子气概。于是他处处设防，坚决摆脱女性的控制。他觉得自己必须表现张扬个性，展示优越性，但是心里还是会感到忐忑不安。他的成长会走两个极端：要么强大无比，要么软弱无能。同样的道理，如果女孩子在男孩堆里长大，她要么特别女性化，要么特别男性化。这样的女孩子一生都会感到无助，缺少安全感。这个情况值得我们研究和探寻。虽然此类情况并不多见，但是在对其进行更多的讨论之前，还需要研究更多的类似的案例。

在对成年人的研究中，我发现童年的印象会对人的一生造成永久的影响，家庭地位就是其中的一个重要因素，它在人生态度上打上了深深的烙印。一个充满敌意、缺乏合作的家庭氛围不利于孩子的健康成长。如果我们放眼社会，或者整个世界，想想为什么随处可见敌对和竞争，那么我们就一定能认识到他们都想超越别人成为征服者。这些人小时候在家庭中感受不到平等，他们的童年充满敌意和竞争，由此形成了这一人生目标。只有通过教会孩子跟人合作，才能彻底纠正这些错误。

第七章 学校影响

教育中的变革

　　学校教育是家庭教育的延伸。如果所有的家长都能够担负起教育孩子的职责，让他们学会如何正确地解决人生遇到的种种问题，学校就没有存在的必要了。过去，孩子们接受的通常都是家庭教育。手工匠从父亲那里学会一门手艺，经过实践，掌握这门手艺，然后再将手艺传给儿子。然而，如今的社会对我们提出了更多的要求，需要学校分担一些父母的工作，让孩子们在这些领域继续深造。与此同时，要想融入社会，年轻人需要接受更高水平的教育，这一点单靠家庭教育无法满足。

　　欧洲教育虽然比美国教育发展得更为全面，但是有时候我们仍然会看到传统教育的影子。起初，在欧洲的教育史中，只有皇室和贵族才能接受正规教育。他们是唯一具有价值的社会成员，别的人只能老实本分干自己的活，安于现状。后来，被认定为具有社会价值的人增加了。宗教机构接管了教育，一些人经过挑选，学习神学、艺术、科学以及其他专业。

　　随着技术的发展，陈旧的教育已经无法适应社会的要求，人们为争取更大范围的教育进行了长期的斗争。村子和镇子的学校的教师往往是当地的鞋匠和裁缝。他们上课时手里总握着棍子体罚学生，结果往往不尽如人意。只有教会学校和大学才有艺术课和科学课，甚至有些皇帝也是文盲。但是，工业革命要求工人们读写算画样样都得会，公立学校由此应运而生。

但是，这些学校总是按照政府的需求建立，而当时的政府需要的是受教化的驯服臣民，为的是维护上层阶级的利益，必要时能够上战场，因此学校的课程都是以此为宗旨。我记得，奥地利一度部分地保留着这种学校教育，让最下等阶级接受教育，目的是让他们安分守己，不要做越轨的事。但是，这种教育的弊端逐渐显现出来。随着要求自由的呼声越来越高，工人力量的日益强大，他们不再安于现状。公立学校为适应形势而进行变革，逐渐形成了现在的教育理念，即：教会孩子独立思考，多多了解文学、艺术和科学，长大成人后为人类的文明做出自己的贡献。我们不想培养出来的学生只会谋生，或者只能胜任工厂的一项工作，我们需要的是能团结起来为大众谋利益的人才。

教师的作用

无论我们知道与否，那些提议进行学校改革的人，都希望提高社会生活中的合作能力，这就是改革的目的。拿性格培养的需要做例子，如果我们能从这方面思考，这一需求的原因显而易见，但是，总的来看，人们还没有完全领会教育目的和技巧。我们要求教师教出来的孩子不仅会谋生，而且还得有益于社会。教师不仅要意识到教育工作的重要性，而且必须提高自身素质来完成这一使命。

性格培养的重要性

性格培养的作用还在检验阶段。我们不要在意成文的规定，因为那里根本找不到任何有关性格培养的认真而系统的尝试。但是，即使是在学校，结果也并不尽如人意。如果孩子们在家庭中已经具有一些缺陷，来到学校后，苦口婆心的训诫对他们不会起作用，他们会继续犯同样的错误。因此，必须提高教师素质，让他们了解孩子的发育情况，并在学校提供相应的帮助。

我研究了很多学校，觉得维也纳的一些学校在这方面先人一步。别的地方也给孩子们安排了心理医生，给出自己的建议，但是如果教师不认同也不理解实施办法，又有什么用呢？心理医生一星期跟孩子见一两回面，甚至一天见一回，但是事实上，他们并不了解环境、家庭、家庭之外、学校等给孩子产生了什么样的影响。他们总是会写个方子，建议说孩子应该吃得更营养些，或者应该接受甲状腺治疗。他们或许也会暗示教师某个孩子需要个性化的治疗。但是，老师并不明白心理医生的治疗方法，因为缺乏经验，自然避免不了犯一些错误。只有当他们了解了孩子的性格特点后才能帮得上忙。心理医生和教师之间的合作必不可少。教师必须了解心理医生知道的事，这样，经过对孩子问题的讨论，他们可以各自从容行事，不用寻求别人的帮助。如果意想不到的事情发生，他们也会像心理医生一样知道应该如何应对。最实用的方法就是仿效我们在维也纳建立的顾问委员会，我会在本章的最后对它进行具体的介绍。

孩子们一开始踏进校门就会面临全新的社会生活考验，这种考验能够暴露出孩子发育过程中的不足。和上学之前相比，他们的合作范围扩大。如果此前一直在家里受到溺爱，他们可能不愿意离开父母的呵护而跟其他孩子一起活动。所以，从第一天上学，我们就能看出娇生惯养的孩子的社会情感的缺乏。他们可能哭着要回家，对学校作业和老师不感兴趣，不会倾听，心里只有自己。可以想见，如果他们继续以自我为中心，我行我素的话，在学校就无法取得进步。经常有一些问题儿童的家长告诉我们孩子在家有多乖，可是到了学校就惹麻烦。这也许是因为孩子觉得家才是对他最有利的地方。家里没有什么考验，因此发育过程中的问题就不会暴露出来。但是，一旦到了学校，他们不能随心所欲，就会产生挫败感。

有个孩子，从上学第一天开始，什么也不做，无论老师说什么，他都会嘲笑一番。他不愿意做作业，学校认为他智力发育落后。我就问他："大家都想知道你在学校为什么要嘲笑老师呢。"

他回答说："学校就是爸爸妈妈开的玩笑，爸爸妈妈把孩子送到学校就是耍他们。"

他过去在家里总是被取笑,因此认为任何新环境都是家人跟他开的玩笑。我让他明白是他自己太敏感了,不是所有的人都想开他的玩笑。后来,他对学校产生了兴趣,取得了很大的进步。

师生关系

教师有责任去发现学生的问题,纠正父母的错误。他们发现有些学生已经为迎接社会生活做好了准备,家庭已经教会了他们如何关心别人,但有些学生因为准备不足,表现出犹豫和退缩。他们看上去反应慢,但绝不是智力低下,他们只是不知道如何适应社会生活,因此需要教师帮助他们融入新环境。

但是如何帮呢?他们必须像学生的母亲一样——跟学生培养感情,引起他们的兴趣。孩子们对最先接触到的人的兴趣大小,决定了他们以后的改观程度。严厉和惩罚起不到任何作用。如果孩子们来到学校,很难跟老师和同学相处,可能会遭到批评和训斥,这只能让他们更不喜欢学校。如果我是孩子,在学校总是受到训斥和责备,我会尽可能离老师远点,想办法脱离这种环境,不受学校的管束。

对于那些逃学、表现差、愚笨和不服管教的孩子来说,学校不是个让人舒服的地方。他们实际上一点也不笨,他们为逃课编造种种理由,或者模仿父母笔迹给学校写信,他们干这些事可是相当有一套。在学校外面,他们跟其他逃学的孩子混在一起。他们从这些玩伴中得到了更多的欣赏,认为跟那些小混混在一起才是自己的归宿，才能体现出自己的价值。 这种情况让我们了解到，在学校得不到平等对待的孩子最初是如何走上犯罪道路的。

激发孩子的学习兴趣

如果教师想吸引孩子的注意，就一定要发现孩子以前对什么感兴趣，并给予鼓励，要他们相信自己能够从这些或者其他的兴趣中获得成功。 如果孩子有信心学好一门课程，激发他们对其他课程的兴趣就不是什么难事。 因此，从一开始，我们就要了解孩子们是如何观察事物的，他们的什么感觉最敏锐，然后因材施教，进行训练，以求潜力得到最大的发挥。 有些孩子最喜欢观察事物，有些善于倾听，有些特别好动。 视觉型的孩子对能看到的事物感兴趣，比如地理或画画。 他们对老师的讲解不感兴趣，不能做到认真听讲。 要是他们不能通过观察去学习，接受能力就会比较差。 人们想当然地将这一切都归结于遗传所致，认为他们缺乏学习能力，或者天生愚笨。

如果要说是教育出了问题，那就只能是因为教师和家长没有找到正确的方式培养孩子的兴趣。 我的意思不是提倡对儿童早期教育进行专门的训练，而是应该借助孩子们已有的兴趣去激发其他的兴趣。 现在有些学校教授一些能全面调动孩子感官的课程。 比如，建模和绘画跟传统课程相结合，这种模式应该得到提倡和进一步发展。 最好是将所有的课程跟现实生活联系起来，这样孩子们就能意识到学习的目的及其实用价值。 经常有人会问到这样一个问题：应该照本宣科地灌输知识，还是培养他们独立思考的能力？ 依我之见，这不是个非此即彼的问题。 这两种方法可以结合起来。 比如，把数学知识的讲解和造房子联系起来，让学生们算出需要多少木材，建成后能住多少人等等。

一些课程可以放在一起很容易地讲授，也有很多教师善于把生活的方方面面联系起来。 比如，教师在跟学生散步时就能发现了解他们的兴趣所在。 与此同时，教师可以帮助他们了解植物的结构、生长过程、用处，气候的影响，地形特点以及农业史等等生活的方方面面。 当然前提得是教师对学生真正感兴趣，否则，教育就没有希望可言。

学校里的合作与竞争

当前教育体制下有这样一个现象，孩子们刚上学时，心理上做好了与别人竞争的准备，但是却没有准备好与人合作，而且竞争意识的培养贯穿了整个学校生活，不论对于遥遥领先、不甘人后的好学生，还是学习落后、自暴自弃的坏学生，这都不是好事。 这两种情况都说明他们只关心自己，主要目标不是奉献社会和帮助他人，而是谋取个人私利。 其实，学校也应该像家庭一样，所有成员必须团结一致，人人平等。 他们只有认识到这一点，才能真正开展互助合作。

我见过很多"难对付"的孩子，通过教育，他们学会关心同学，跟同学合作，最后彻底改变了错误的人生态度。我想特别讲讲一个孩子的事。他以前认为家人都对他充满敌意，同学对他也不友好。由于学习成绩很差，他在家还会受到父母的惩罚。事情常常就是这样：孩子们学习成绩很差，在学校会受到老师的训斥，等他们把成绩报告单拿回家，还得再挨父母的惩罚。一次惩罚就让人够受的了，别提两次了。怪不得这个孩子学习不好呢，在班里总搞破坏。最后他遇到一位善解人意的老师，这位老师向全班同学解释他为什么觉得大家对他不友好。他号召同学们帮助他，让他相信他们都是他的朋友。在老师和同学的帮助下，这个后进生改正了先前的错误行为，取得了让人难以置信的进步。

有人会质疑这种教育方式是否真的能让孩子学会理解和帮助他人。但是根据我的经验，孩子通常比他们的长辈更能理解同辈。有一次，一位母亲带着两个孩子——一个两岁的女孩和一个三岁的男孩——来到我的诊室。小女孩儿爬到了桌子上，妈妈被吓坏了，吓得不敢动弹，只是在那里喊："下来！下来！"小女孩根本不理睬。三岁的男孩说道："待在那里别动！"这个女孩马上爬下来，安全无恙。男孩子比妈妈更了解妹妹，他知道应该如何应对。

在谈到如何培养在校生的团结和合作能力时，通常的建议就是让孩子们学会自我约束，不过处理这些问题仍旧需要我们慎之又慎，必须尊重老师的意见，确保孩子们已经做好了准备，否则，孩子们才不会把自我管理当回事，他们还以为是闹着玩呢。

他们可能比老师还要苛刻，还要严厉，甚至会利用学生职权谋取个人私利，攻击别人，从而变得居高临下。因此，老师在一开始就得加强监督，给出建议，这一点尤为重要。

儿童发育状况评估

如果我们希望能及时掌握儿童的智力发展、性格特点和社交能力的高低，就不可避免地对其进行各种各样的测试。有时候，某种测试，比如智力测试，的确会对孩子有利。举例来说，有这样一个男孩，他的学习成绩很差，因此老师希望他留级，但是给他做的一个智力测试的结果却表明他完全有能力胜任高年级的学习。我们必须认识到，孩子未来发展的可能性无法预测。智力测试只能让我们了解孩子的不足，然后找到可行的办法进行弥补。据我所知，只要被测试者的智力不是真的低下，那么只要我们方法得当，测试结果就可以被改变。经验告诉我，如果孩子们经历了多次智力测试，他们就会对这种测试愈加熟悉，越来越了解它们的规律，孩子们因此熟能生巧，智商得分当然会越来越高。需要谨记在心的最重要一点就是，智商得分的高低不能决定孩子后天所能取得的成就的大小，这跟命中注定或与生俱来都毫无瓜葛。

智商测试的结果也不应该告知本人或其家长。因为他们不了解测试的真正目的，会误将其当作最终定论。教育中遇到的最大问题绝不是由孩子们的不足造成的，真正的原因在于他们对自己的不足所持的看法。一旦知道了自己的智商得分不高的话，孩子们可能会因此变得心灰意冷，认定自己成功的希望渺茫。而教育的责任就是尽全力帮助孩子们增强自信心，激发兴趣，让他们通过对生活的亲身解读，自然消除他们对个人能力人为设定的上限。

学校报告单也是如此。教师给孩子一个糟糕的评价，只是想借此刺激他们更加努力些。但是，如果这些孩子家教甚严，他们就不敢把报告单给父母看。他们可能会离家出走或者在报告单上做手脚，甚至一些孩子会产生自杀的念头。因此，教师应该考虑报告单会引起怎样的后果。虽然他们不需要对孩子的家庭生活及家庭生活对孩子的影响负责，但是也有必要对此考虑周全。

如果家长对孩子期望值很高，孩子拿回去糟糕的报告单肯定要受到责骂。如果老师对孩子更友好和宽容些，孩子们可能会在鼓励下努力进取，取得成功。如果孩子的报告单总是很难看，大家就会认为他们是班级最差的学生，他们自己也会逐渐接受，认为自己的学习成绩没法改变。然而，即使是最差的学生也可以取得进步，很多名人在这方面给我们树立了榜样，他们的成功证明后进生也能重拾自信，重新燃起对学习的兴趣，直至取得斐然成就。

即使没有成绩报告单，孩子们自己通常也知道谁成绩好，谁成绩差，这一点很有意思。他们清楚谁数学学得好，谁写得好，谁画得棒，或者谁体育好，并且也知道他们成绩如何。但是，他们常常会错误地认为自己不可能进步。当他们看到有人比自己学习好时，就觉得自己永远赶不上他们。一旦孩子的这种思想根深蒂固，那么他们可能就会终生不得志。即使成年后，他们也会比照别人来评价自己，认为别人什么都比自己强。

无论在哪个年级，优等生、中等生以及劣等生的成绩几乎不会有太大的变化。这跟遗传毫无关系，是他们自信心不足，自己束缚了自己的发展。有些成绩很差的孩子突然有了惊人的进步，成绩直线上升。孩子们应该明白，如果他们对自己的能力不够自信，这种思想必定会束缚个人发展。教师和孩子们都不能再抱有这样一种想法：孩子的智力发展跟遗传有关。

先天因素和后天培养

最错误的教育观念莫过于认为个人发展会受到遗传因素限制。教师和家长借此在孩子教育问题上推卸责任，为自己的放松懈怠开脱，巧妙地摆脱自己对孩子造成的不良影响的责任。任何逃避责任的企图都是错误的。如果教育者真的将孩子的性格和智力发展程度归结于遗传因素，那么他们不可能取得任何职业成就。从另一方面来说，只有他们认识到自己的态度和努力会对孩子造成影响，他们才会感到责无旁贷。

这里所说的遗传不是身体缺陷的遗传。遗传导致的生理缺陷不在讨论的范围内。我觉得，只有个体心理学才能认识到此类遗传问题对精神发育的重要影响。孩子们意识到了自己的身体缺陷，认为这些缺陷会束缚自身的发展。不是身体缺陷本身对思想产生了影响，而是他们自身的看法影响了发育。因此，要让这些孩子明白，身体缺陷并不意味着智力和性格上也必定有缺陷，这是至关重要的事。如前一章所讲，一方面，身体缺陷可能会成为刺激，激发孩子更加努力取得成功，另一方面，它也可能成为阻碍其发展的巨大障碍。

当我首次提出这个观点时，遭到了很多人的反对。他们认为这仅仅是我的一己之见，既不符合事实，又缺乏科学性。事实上，我是凭借个人经验，在积累大量证据的基础上，经过严谨的思考才得出这一结论的。如今，很多精神病学专家和心理医生都殊途同归地得出了相同的结论。那种认为性格是遗传而来的观点简直就是迷信。当然，这个迷信由来已久，存在了数千年了。当人们希望逃避责任时，就会拿出宿命论为自己辩解，于是性格特点是遗传所致的理论应运而生。一个最为常见的说法就是：孩子生下来时秉性已经形成。这纯粹是无稽之谈，是那些根本不想承担责任的人为自己找的借口。

"善"与"恶"，跟其他描绘性格的字眼一样，只有在社会背景下才具有意义。它们是人在一定的社会环境中，通过与他人的交往而形成的秉性。这些字眼包含着一种评判，即一个人的行为"对他人有利"还是"对他人有害"。孩子出生之前没有接触到社会环境，出生后就有可能朝着两个不同的方向发展，至于他会选择哪条路,取决于周围环境和自身给他留下的印象和感觉,以及他如何理解这些印象和感觉,其中关键因素就是他受到了怎样的教育。

智力水平的发展也是如此。促进智力发展最大的推动力就是兴趣。如果人的兴趣发展受阻,那肯定不是遗传因素所致,而是因为当事人失去信心,害怕失败。毫无疑问,大脑结构在某种程度上是遗传而来的,但是它只是个思维的工具,绝非思维产生的源头。如果缺陷不是过于严重,只要经过适当训练,受损功能也可以得到弥补。每一个特殊才能的背后,不是特别的遗传因素起作用,而是由持续的关注和不断的训练造就而成。

即使是那些人才辈出的家庭,也不是遗传因素在起作用。实际上,家庭中某个成员的成功对他人具有刺激作用,其他孩子耳濡目染,一心想继承前人的事业,因此在实践中不断提高自己的能力。比如,著名的化学家李比希,他的父亲只是个药店老板,所以我们不会认为他在化学方面的才能是先天的。经过进一步的研究之后,我们发现是他所处的环境激发了他对化学的兴趣。在那个年代,当大部分孩子还不知道化学为何物时,李比希对这个领域已经有了相当多的了解。

虽然莫扎特的父母对音乐感兴趣,但是莫扎特的才华也不是遗传而来的。他的父母对他百般鼓励,培养他对音乐的兴趣,从他一生下来,父母就为他营造了热爱音乐的氛围。通常杰出人物都会有一个"早期培养",比如四岁时开始弹钢琴,或是很小的时候给家里其他人写故事。他们对事物有着持续的兴趣,自觉接受广泛的训练，形成了自信果敢的性格。

孩子们一旦把自己的能力发展限定到一定的范围，而教师也认为这些限制不可改变，那么这些限制将会变成现实。如果老师对孩子说："你没有学数学的脑子。"老师可能会感到轻松，但是却让孩子变得灰心丧气。我自己就有这方面的经历。曾经几年的时间里我一直是班里数学后进生，自认为自己没有数学天赋。幸运的是，有一天我惊奇地发现自己竟然解决了一道老师都解不出的难题。这个意外的成功使我对数学的态度来了个一百八十度的大转弯。这之前，我对数学的兴趣全无，现在兴趣重新燃起，我利用一切机会提高自己的数学能力，结果，我成了学校数学学得最好的学生之一。这段经历让我认识到所谓的特殊才能论或先天能力论纯粹是无稽之谈。

不同的性格类型

如果接受过儿童教育方面的培训，就不难区分出他们不同的性格和生活态度。要想判断孩子们是否善于合作，只要注意他们的姿态，观察和倾听的方式，跟别的孩子的距离，交朋友是否自然，以及他们的注意力和关注力如何等等，就能找到答案。如果他们记不起家庭作业或者总是弄丢课本，那就意味着他们对学习不感兴趣，我们必须找出他们讨厌学校的原因。如果他们不跟别的孩子一起玩，这就说明他们性格上有些孤僻。如果他们总是向别人求助，这就说明他们缺乏独立性，总是希望得到别人的帮助。

一些孩子只有受到表扬、得到欣赏才会好好学习。一些被溺爱的孩子，只有得到老师的关注，他们才能学习好。如果他们得不到老师的特别关注，就会出现问题。只有在别人的关注下，他们才能表现得好，否则，他们就会对学习丧失兴趣。这类孩子的数学成绩往往不佳，他们只会靠死记硬背赢得别人的赞赏，但是面对一些需要独立思考才能解决的问题时，就会显得束手无策。

这似乎算不上什么大毛病，但是这些孩子总是要求别人的帮助和关注，就会对别人的利益造成最严重的破坏。如果这种态度保持不变的话，即使长大成人，他们也会继续要求别人的支持。无论他们遇到什么问题，总是会想方设法让别人帮他解决。他们的一生也将碌碌无为，不仅不能为社会做贡献，反而成为他人甩不掉的累赘。

有些孩子一心要成为关注的焦点，如果事与愿违，他们就会搞恶作剧，扰乱班级秩序，带坏其他学生，到处招人烦，这都是为了引起别人的注意。斥责和惩罚对他们不起任何作用，相反他们倒视其为一种享受。他们宁愿受惩罚也不愿意被忽视。他们的劣行招致的惩罚令人不快，但是如果能换取别人的关注，似乎是桩合算的买卖。一些孩子把惩罚当作个人挑战。他们会把它看作一场比赛或者游戏，看看谁能坚持到最后。他们总是最后的赢家，因为胜算掌握在他们手中。所以，一些总是跟家长或老师作对的孩子，常常会在受罚时嬉皮笑脸，而不是愁眉苦脸。

如果孩子不是专门为了气父母或者老师而表现出懒惰，那他们几乎都是些渴望成功但又害怕失败的人。不同的人对成功的含义理解不同，孩子对失败的定义让人诧异。有些人认为只有超过所有的人才能称得上成功。即使他们已经成功了，但是看到有人比他优秀，他还是会有种失败感。懒惰的孩子从来没有经受过真正的考验，因此他们从来没有真正失败的经历。他们避开问题，迟迟不能下定决心展开竞争。别人会认为如果他们没那么懒，一定会克服困难。他们自己也总在白日梦中寻求安慰："我只要努力，肯定会成功。"一旦失败，为了赢得自尊，减轻失败的打击，他们就会说："失败只是因为我懒，而不是能力不够。"

有时老师会鼓励懒惰的孩子说："如果你再努力些，就一定能成为班里最聪明的学生。"如果他们什么都不做就能得到这种赞誉，又何苦费劲争取呢？如果他们变得勤奋起来，别人可能还会看出他们并没有什么过人之处。别人会根据他们的实际成就，而不是他们有可能取得的成就，来判断他们能力的高低。懒惰的孩子还有一个优势：有点成绩就能受到表扬。大家都希望他们能够开始改变习惯，鼓励他们取得更大的进步，这种事如果发生在勤奋孩子身上，可能不会有人在意。懒惰的孩子就是这样活在别人的期待中。他们被宠坏了，从小就养成了事事依靠别人的习惯。

还有一种领头羊类型的孩子，特点也非常鲜明。人类离不开领袖人物，那种带领着为大家谋利益的领袖人物，但是这个意义上的领袖在孩子中却很少见。大部分的孩子都只想让别人听他的，只有成为首领，他们才会参加同伴的行动。因此，他们的未来并不光明，以后也会遇到很大的问题。如果这样同种类型的两个人结成夫妻，成为同事，或者成为朋友，其结局不是悲剧就是闹剧，因为谁都想居高临下，操控对方。有时家里的老人还会觉得娇生惯养的孩子的霸道还挺逗乐，他们时常笑着纵容这种行为。但是，老师们很快就会发现这种做法既不利于性格培养，也无益于有意义的社会生活。

当然，什么样的孩子都有。我们并不是要把他们塑造成同一类型，这一点非常明确。但是，我们想做的是阻止他们的一些不良习惯的形成，以免会误导他们走向失败或陷入困境。这些不好的习惯在儿童时期纠正过来还是相对容易些。如果得不到纠正，会对成年后的社交生活带来严重的不良影响。儿时的错误和成年后的失败有着直接的关联。如果孩子不懂合作，成为神经官能症患者、酒鬼、罪犯甚至自杀者的极端情况就会出现。

患有焦虑性神经官能症的儿童怕黑，怕陌生人，怕新环境。忧郁症患者小时候很爱哭。在当今社会，尤其是那些最需要建议的父母从来都不去求助，所以我们不可能跟所有的家长都沟通，给他们提供帮助，以免犯错误。但是，我们希望跟所有的老师沟通。我们可以通过他们实现跟所有孩子的沟通，从而尽力纠正他们已有的错误，培养他们成为独立、勇敢而又善于合作的人，这与人类未来的幸福休戚相关。

关于教育的几点观察

即使是在一个大的班级，我们也能看出孩子之间的差别。如果我们对孩子足够了解，就能很好地解决他们的问题。但是毫无疑问，大班肯定有弊端。一些孩子的缺点被掩盖，所以老师不知道对他们采取什么方式才好。教师应该对自己的学生非常了解，否则无法培养他们的兴趣，提高他们的合作能力。我认为孩子们在几年内跟随一个老师必定大有裨益。有些学校的老师半年左右就更换一次，这样，老师就没有机会跟学生们打成一片，因此看不到他们有什么问题，也不能跟踪他们的发展情况。如果老师能跟同一批学生待上三四年，肯定更容易找到解决学生问题的办法，纠正孩子们错误的人生态度，而且还能把班级打造成一个善于合作的集体。

孩子跳级通常不是件好事，父母对他们过高的期望值让他们心理负担过重。如果孩子在班里年龄太大，或者比其他孩子发育快，不是不可以考虑跳级。但是，如果班级真如我们所说是一个整体，那么一个孩子的成功对别的孩子都有好处。如果班里有一些优秀的孩子，整个班级就会取得突飞猛进的发展，剥夺他们的这种良性刺激是不公平的。我想提个建议，让那些出类拔萃的孩子在完成班级日常作业之余，再做些别的事，培养别的兴趣，比如画画。他们在这些爱好中取得的成绩也会为其他孩子树立榜样，鼓励他们共同进步。

留级对孩子来说更不利。所有的教师都有一个共识，虽然也有例外，但通常说来留级生无论在学校还是家里都会惹麻烦。除了少数留级生乖巧听话，大部分都是学校落后分子，不招人喜欢。同学们对他们评价不高，他们也觉得自己没什么才能，这是个棘手的问题。在当今的教育体制下，杜绝留级现象绝非易事。有些教师利用假期帮助后进生认识到自己错误的人生态度，从而省去了留级的必要。一旦他们认识到自己的错误，孩子们就会在下一个年级取得进步，获得成功。实际上，让他们认识到对自己能力估计错误，从而从这种思想中解放出来，通过自己的努力取得成功，这才是我们帮助孩子后进生的唯一办法。

每当我看到孩子们被分成优生和差生时，我注意到一个显著的事实，我主要在欧洲见过这种情况，不确定在美国是否存在。我发现差生班里都是智力发育落后的孩子和穷人家的孩子，而优等生主要是来自富裕的家庭。这一事实似乎足够说明问题了。穷人家的孩子没有为上学做好充分的准备，他们的父母面临着太多的困难，根本无暇顾及孩子，或许家长自己都没受过太多的教育，又怎么知道如何教育孩子呢？

但是，不能因为孩子没有为上学做好准备就把他们归入差生班。训练有素的老师知道如何弥补他们准备上的不足，让他们跟那些好学生建立联系。如果他们被放在了慢班，不光自己明白这是怎么回事，而且还会受到快班孩子的轻视，从而造成孩子的失落，为了获得优越感而最终走上歪路。

原则上说，男女同校应该受到鼓励。无论对于男孩还是女孩，这种方式都能让他们彼此加深了解，学会跟异性合作。但是，那种认为男女同校可以解决一切问题的想法却是个严重的错误。男女同校也有它自身特有的问题，除非认识到这些问题的存在并想办法解决，否则，两性之间的隔阂比纯粹的男校或女校还要严重。

比方说，其中的一个难题就是，十六岁之前，女孩比男孩发育得快，如果男孩子不明白这一点，他们的自尊心就会受到伤害。他们会觉得比不上女孩子，因此感到灰心丧气。成人之后，由于不能摆脱曾经失败的阴影，他们就会害怕跟女性竞争。如果那些赞同男女同校的教师能够认识到这个问题的症结所在，这个问题就能得到较好的解决，但是，如果他们不能完全赞同男女同校，而且对此问题毫无兴趣，那么，失败是肯定的。还有一个问题，如果孩子没有在性的问题上得到正确的引导和监督，也会出现一些问题。

性教育是个复杂的问题。教室不是开展性教育的地方。如果教师对着全班同学谈论性的问题，是根本无法知道孩子们的理解是否正确的。孩子们是否做好准备，或者如何跟自己的生活方式相联系，如果教师对此一无所知，那就可能引起孩子对性的兴趣。当然，如果孩子想知道得更多，私下里去问老师，老师也应该实事求是做出清楚的解释。这样，他们就能趁机判断孩子真正想知道的是什么，从而引导他们正确地解决问题，但是在课堂上反复谈论性的问题并不好。肯定有一部分孩子会产生误解，认为性的问题没什么大不了的，因此这种性教育也没有任何意义。

咨询机构的任务

十五年前，为了跟教师建立联系，我设立了一个学校咨询项目——个体心理学咨询委员会。这个委员会在维也纳和其他欧洲国家反响很好。拥有崇高的理想和远大志向是件好事，但是如果找不到实现方法，一切都是空谈。十五年的经历告诉我，这些咨询委员会全部获得了成功，通过它们，我们可以更好地处理孩子问题，教育他们成为有责任感的公民。我相信，如果咨询委员会坚持以个体心理学的理论为依据，成功是水到渠成的事，但是跟其他流派的心理学家们合作也是必要的。实际上，我一直在提倡，咨询委员会应该建立跟不同的心理学流派的联系，对不同流派的成果进行对比研究。

在咨询委员会的工作流程中，训练有素、经验丰富的心理医生和学校老师进行沟通，一起讨论老师工作中遇到的问题。他们去学校，听老师讲述孩子的事情或自己遇到的问题：孩子可能很懒，或者好斗、逃学、偷窃，或者成绩很差。心理医生分享自己的经验，接着双方展开讨论。他们会讨论对孩子产生最早影响的家庭生活和性格发育，出现问题的原因以及解决办法。双方的经验都很丰富，因此很快在解决办法上达成共识。

　　心理医生到学校做访谈，孩子们和家长都要参加。 心理医生和老师决定如何跟家长做最好的沟通，说服他们，要他们知道孩子出现问题的原因。 家长还会告诉他们更多的信息，心理医生和家长展开讨论，在讨论中，心理医生会告知家长做些什么来帮助孩子。 通常家长们都很高兴接受咨询，给予积极配合，但是如果他们不接受，心理医生或者老师讨论一些类似的情况，并从中得出结论，并将结论运用到相关的孩子身上。 之后，心理医生把孩子叫过去，谈他们的问题，而不是错误。 心理医生试图从孩子身上发现是什么阻碍了他们的发展，他们是不是受到冷落，等等。 心理医生不会斥责孩子，而是和颜悦色地跟他们谈心，了解他们的内心想法。 心理医生不需要明白指出是孩子的某个错误，而是把错误作为一种假设提出来，以此引出孩子的观点。 孩子们理解力之强，整个态度转变之快，足以令那些没有经验的心理医生大吃一惊。

　　在这方面接受我的培训的老师都很开心，没有因为任何原因而放弃。 培训使他们能够更有兴趣地工作，付出努力也获得了回报。 培训并未给他们造成额外的负担，相反，他们只需要一个小时左右，就能解决困扰他们数年的难题。 整个学校的合作能力得以提升，一小段时间后，大的问题没有了，只有一些小问题需要解决，老师也成了心理医生。 他们学会了把个性看作一个整体，个性的各个方面和表达之间都是相互关联的，如果问题突然出现，老师就能自行解决。实际上，我们希望看到，所有的老师都能接受心理学培训，学校就不再需要心理医生。

比如，如果班里有个懒惰的学生，教师可以提议跟学生谈谈懒惰这件事。他可以这样引起话题："惰性从哪里来？为什么有的人会懒惰？为什么不能变得勤奋些？"孩子们会谈谈自己的看法，最后得出结论。他们其实并没有意识到在谈自己，但是他们确实存在这种问题，所以也很感兴趣，也从中学到了不少东西。但是，如果目标直指他们，他们就什么也学不到了，如果他静下心来倾听讨论，就会自己思考，改变想法。

由于老师跟孩子们整天待在一起，所以没人能像他们一样了解孩子的思想。他们见到过太多类型的孩子，经验会帮助他们跟每个类型的孩子都能实现良好的沟通。他们的教育方法决定了孩子早期的错误是否继续或得到纠正，就像孩子的家长一样，他们是人类未来的守护神，他们的价值无法估量。

第八章　青春期

青春期概念

图书馆到处都是关于青春期的书籍，它们几乎不约而同地认为青春期是个危险的阶段，是一个人全部个性的形成期。青春期确实潜伏着不少危险，但是人的个性绝不会因此而改变。孩子们在青春期会面临新的状况和考验，他们会觉得自己开始步入自己的人生，所以，一些错误的人生态度暴露出来，虽然他们一直没有意识到错误的存在，但是有经验的人一眼就能看出来。随着青春期的到来，这些错误日益凸显，不容继续忽视。

心理特征

几乎对所有的年轻人而言，青春期意味着一件重要的事：必须证明自己不再是小孩子了。或许我们会说服他们顺其自然，这样，就能减轻他们很多的压力。但是，如果他们非得要证明自己的成熟，就会不可避免地引起过度紧张。

孩子们在青春期的种种表现，都是为了获得独立、平等，成为真正的男人或女人。孩子们对于"长大成人"一词的理解决定了他们的行为。如果他们认为长大成人意味着摆脱一切约束，于是就会出现叛逆行为。在这个阶段，叛逆现象不足为奇。一些孩子开始抽烟、骂人或夜不归宿。其中一些孩子开始不听父母的话，这会让家长感到很意外，他们不明白一向乖巧的孩子怎么一夜之间变得难以驯服。但是，这并不是对父母态度上的变化。表面乖巧的孩子其实过去一直是反对父母的，只是现在他们有了更多的自由，等到他们觉得自己足够强大了，就会公开反抗。一个经常受到父亲教训的男孩子可能表面上表现得安静听话，实际上他一直在伺机报复。一旦他感到自己足够强大，他就会向父亲发起挑衅，跟父亲打一架，然后离家出走。

青春期的孩子通常会有更多的自由和独立。父母觉得自己再无权每时每刻都得监督他们，为他们提供保护了。但是，如果父母想继续他们的监督，孩子们就会想更多的办法来逃避他们的管束。家长越想证明他们还不够成熟，他们表现得就越叛逆，一心要证明自己已经长大成人。这种斗争使他们产生了对父母的对抗心理，即所谓的"青春期叛逆"。

生理特点

我们无法给青春期设定严格的界限。一般说来，青春期从十四岁左右开始，到二十岁左右结束。但是有时候，一些孩子在十岁或十一岁就已经进入了青春期。身体的所有器官都开始发育，但是他们的协调性并不好。他们的个子在长高，手脚在变大，却可能不够活跃灵巧，此时需要一些活动来增加协调性。但是在此过程中，如果受到嘲笑或者批评，他们就会认为自己天生就笨手笨脚，后来就可能真的会变得笨拙。

内分泌腺对孩子的发育至关重要。孩子们在青春期的活动增加。这并非完全的变化，其实，内分泌腺甚至在孩子婴幼儿时期就已经很活跃，但是现在由于腺体分泌更加活跃，孩子的第二性征变得更加明显。男孩子开始长胡子，声音变得低沉，女孩子身形变得丰满，女性特征更加明显。青春期的孩子往往对这些变化产生错误的认识。

成年期的挑战

有时，孩子们还没有做好心理准备就长大成人了，往往会对成年人面临的诸多问题，比如职业规划、交友、恋爱和婚姻等心怀忐忑。他们觉得自己不能解决这些问题。跟人相处时，他们会觉得害羞拘谨，所以宁愿宅在家里，封闭自己。他们找不到感兴趣的工作，认定自己将一事无成。在恋爱和婚姻问题上，他们面对异性感到尴尬，害怕见到他们。如果有异性跟他搭讪，他会脸红，无言以对。他们只能一天天越来越深地滑入绝望的深渊。

如果这种情况发展到极端，他们完全失去了解决人生问题的能力，变得让人无法理解。他们不关注别人，不跟别人交谈，也不倾听别人谈话；他们既不工作，也不学习，天天生活在幻想之中，还会有一些下流的性行为。这就是神经官能症的表现，主要源于一个错误的思想。如果我们对这些孩子加以鼓励，让他们明白是自己的人生方向出现了错误，并且给他们指出一条更好的道路，他们还是有希望被治愈的。要纠正他们全部的错误不是易事，他们必须摒弃个人错误的逻辑，从更加科学的、客观的角度去看待他们的过去、现在和未来。

青春期的一切危险都是因为孩子们解决人生问题的能力没有得到足够的训练。如果孩子们对未来充满恐惧或者态度消极，他们自然会希望通过所谓的捷径来解决问题。但是，这些捷径没有什么效果，如果孩子终日生活在命令、唠叨和批评之中，就等于一步步把他们推向深渊。我们越是向前推他们，他们越是表现出退缩。如果我们不能鼓励他们，我们的所有努力只能是错误，可能会造成进一步的伤害。他们如此地悲观害怕，根本不可能做出更多的努力。

青春期的一些问题

被溺爱的孩子

很多孩子青春期出现问题都是因为小时候太受宠爱，对于那些习惯一切事情都由父母包办的孩子来说，成年人的责任对他们造成了特别的压力。他们还想一直被溺爱，但是等他们长大一点，发现自己不再是家里的焦点时，就会觉得生活欺骗了他们，因此感到失望。父母竭力为他们营造出一种温暖的家庭环境，他们就会因此觉得外面的世界世态炎凉。

不想长大

到了青春期，有些孩子却不想长大。他们可能总说儿语，跟比他小的孩子玩，假装自己永远都是个孩子。但是，大部分的孩子都想让自己看起来成熟，像个大人。如果他们还没有勇气，就会蹩脚地模仿成人的做派：男孩子模仿自己觉得有男人味的行为，比如花钱大手大脚、调情取乐、找人谈恋爱等等。

轻罪

在一些棘手的案例中，当事人虽然性格外向，主动活跃，但是由于不知道如何解决人生问题，仍然会走上犯罪道路。如果他们犯了些轻罪，而没有东窗事发，他们就有可能认为自己很聪明,下次还能侥幸逃脱。 犯罪是逃避人生问题的"捷径",尤其在面临经济拮据的情况下。 因此,十四岁和二十岁之间的少年犯大量增加,这不是什么新动向,只是越来越大的压力使孩子错误的人生态度逐渐暴露出来。

神经官能症

对不爱交际的内向型的孩子来说,为了逃避人生问题,患上神经官能症便是捷径。 很多孩子从青春期就出现了功能紊乱和精神疾病。 虽然其目的都是为逃避人生问题,但是自我感觉又很良好。 当个体面对自己在社会中不能解决的问题时,往往会患上神经官能症,困难给他们带来了很大的压力。 在青春期,身体对这种压力特别敏感。 所有的器官都受到刺激,整个神经系统也受到影响。 在这种情况下,他们为了逃避自己的责任,为自己的犹豫不决和失败开脱,常常以患病为借口。 至此,神经官能症的症状就完全地表现了出来。

每个神经官能症患者都声称自己事事都想做到最好。 他们认为社会情感是不可或缺的,也认为人生问题是不能逃避的,但是自己在这些问题上却是个例外。 理由就是他们是神经官能症患者。 他们整个的人生态度就是:我急切地想解决所有的问题,但可惜的是,我有心无力。 在这一点上,他们跟罪犯不同,罪犯不会掩饰自己的犯罪恶意,没有社会责任感。 神经官能症患者和罪犯相比,很难说清谁对社会的危害更大,虽然神经官能症患者意图是好的,但是行为恶劣、自私、不愿与人合作,而罪犯呢，他们大都行为恶劣，缺乏社会良知。

相悖的期待

我们发现，到了青春期，孩子们会朝着相反的方向发展。那些被寄予厚望的孩子的学习和行为开始出现不好的苗头，而那些以前被认为天赋较差的孩子却后来者居上，显示出令人意外的才能。 其实这些现象与以前并不相悖。 或许是那些被人们认为有前途的孩子压力太大，他们很怕自己让别人失望。 只有别人的支持与欣赏才能推动他们进步，一旦需要他们靠自己的时候，往往会失去勇气，退缩不前。 而那些后进生们则因为青春期获得了更多的自由而充满信心，能清楚地看到实现个人抱负的康庄大道。 他们头脑中充满了各种新奇的想法和计划，创造力增强，对人生的方方面面都产生浓厚的兴趣，因此，能够一直保持勇敢、独立对他们而言不是难事，他们也不怕失败敢于尝试，因此得到的是更多成功的机会，也能做出更大的贡献。

寻找赞美和认可

那些早年感到被轻视或冷落的孩子，到了青春期，一旦跟他人建立了良好的人际关系，就开始希望最终获得欣赏，其中有些完全沉溺于对赞美的渴望而无法自拔。 如果是男孩子，这是一种很危险的想法，而女孩子们会因此更加缺乏自信，她们认为只有获得别人的认可和欣赏才能证明自己的价值。 如果遇到会说甜言蜜语的男人，这种女孩很容易上当受骗。 我就曾遇到过类似的事情，一些得不到家人欣赏的女孩，会轻易与别人发生性关系，她们不仅想借此证明自己已经长大成人，而且还能得到别人欣赏，成为关注的焦点，大大满足了她们的虚荣心。

还是让我给大家举个例子吧！一个出身贫困的十五岁的女孩子，上面有个哥哥，年幼的时候体弱多病，母亲不得不给予他更多的照顾，因此忽视了女儿。另外，在她幼年时，父亲也染病在身，母亲照顾她的时间也就更少了。

因此，这个女孩看到了，也理解了被照顾的含义，她总想自己也得到这样的照顾，但是家人没法满足她的这个愿望。等到她的妹妹出生时，父亲康复了，而母亲此时却只能将更多的精力用来照顾小婴儿。这样，女孩子就感到她是家里唯一一个没有受到关爱的人。但她始终压抑着自己的这份情感，在家里表现得很乖，在学校也是最优秀的学生。正是因为她优异的学习成绩，才被推荐继续在学校深造，后来就被送到另一所陌生的中学。起初，她不能接受新学校的教学方法，于是成绩下滑，再加上老师的批评，她一直感到灰心丧气。她急于获得别人的欣赏，可是当她发现自己无论在家还是在学校都得不到欣赏时，她该怎么办呢？

她瞄上了一个可能会欣赏她的人。接触几次后，她离家出走，跟这个男人同居了两个星期。这可把家人急坏了，四处找她，正如预料的那样，不久她就会发现自己的虚荣心还是没有满足，开始因为此事而陷入悔恨之中。

后来她就准备自杀。她给家人留了一个便条，上面写道：

"我服下了毒药,别担心,我觉得很开心。"实际上,她并未服下任何药物,对其中的原因我们能够理解。她原本就知道实际上父母很关心她,她觉得自己仍然能引起他们的同情,因此她并未真的自杀,只是等着母亲找到她带她回家。如果这个女孩以前就知道我们所知道的这个道理,即她的一切努力都是为了被人欣赏,就不会出现这么多的问题。如果中学老师了解她的情况,也能阻止事态的发展。这个女孩过去的成绩一直很优异,如果老师注意到了女孩子对成绩很敏感,因而更用心地对待她,她也不至于如此沮丧。

还有另外一个女孩的故事。这个女孩的父母都是性格软弱的人。她的母亲一直希望有个儿子,但最终还是生了个女儿。她感觉到了母亲的重男轻女。她不止一次地无意间听到母亲对父亲说:"这个女孩一点也不招人喜欢,她长大后不会有人喜欢她。"又或者说:"她要是长大了,我们怎么对付她呢?"她就在这样不良氛围下长大,大约十年之后,她发现一封母亲朋友的来信,这位朋友在信上安慰只有她这一个独生女的母亲,并且说她还年轻,仍然有机会再生个儿子。

不难想象这个女孩子当时的感受。几个月后,她到乡下看望一位叔叔。在那里,她邂逅了一个不太聪明的乡下男孩并与他成了恋人。后来,他离开了她,而她仍然不改正自己的行为。我见到她时,她跟很多人谈过恋爱,但是在任何一段感情中,她都没有感到被人欣赏。她因患上了焦虑症而向我求助,甚至严重到不敢一个人离开家。一种方式未能满足她渴望得到欣赏的愿望，她只好求助于另一种方式。于是，她开始用自己的痛苦来要挟家人，不经她同意，任何人都不能做任何事情，否则她就大哭大闹，吓唬家人要去自杀。要让这个女孩对自己满意，让她认识到自己在青春期对遭受拒绝过分关注，的确是件难事。

青春期性行为

无论男孩还是女孩，常常都会在青春期过度看重和夸大性关系，其实就是想证明自己已经长大成人。比如，如果女孩子一直跟母亲作对，总是认为自己一直被压制，为了抗议，她的性关系可能很混乱。她并不在乎母亲是否能够发现，实际上，让母亲着急是她最开心的事。有这样一个很常见的现象，即女孩子长期跟母亲或父亲不和，她会很快地跟人发生性关系。这些女孩往往是人们眼中的好女孩，知书达理，谁也想不到她们会做出这种事情。但是，这些女孩并没什么罪过。她们只是没有做好人生的准备。她们遭到轻视，感到自卑，唯有这样做才能让自己表现得更强大些。

男性化

一些自幼娇生惯养的女孩子往往觉得自己很难适应女性的角色，再加上我们所处的文化也认为男尊女卑，结果这些女孩子一点也不喜欢做女人。她们会表现出一种抗议，我称之为"男性化"，可以从各种各样的行为中体现出来。比如，有时候会表现为排斥男人，不跟男人接触。有时这种女人也对男人有好感，只是跟他们相处时感到尴尬，说不出话来，所以凡是有男人参加的聚会，她们往往不愿意参加，在谈到性的话题时常常感到局促不安。她们常常坚持认为年纪再大点就会渴望成家，但是却不愿意接近异性，也无法跟他们做朋友。

有时候，处于青春期的女孩子对女性角色的厌恶表现得尤为明显。在这个时期，女孩子会比以前表现得更为男性化，总是想模仿男孩子的一举一动，特别是男孩子爱做的坏事，比如抽烟、喝酒、骂人、拉帮结派、滥交等等。她们通常认为只有这样做才能吸引男孩子的注意。

如果她们对女性角色的厌恶感进一步发展的话，就可能沦为性变态或者妓女。所有的妓女都坚决认为自己小时候不招人喜欢，深信自己天生卑微，绝对不会有男人真正爱上她们，不会对她们感兴趣。现在我们明白了，如果是这种情况，她们就可能自暴自弃，看不起自己的性别，将身体视为挣钱的工具。其实，这种对女性的厌恶感并非始于青春期，我们发现这些女孩从很小的时候就不愿接受自己的女性角色，只是那时她不需要而且也没有机会表达自己的这种情感。

不只是那些表现出"男性化"的女孩子，所有的孩子——只要他过分看重男子气概——都想成为充满阳刚之气的男人，并且不知道自己是否能够做到这一点。因此，我们文化中的男尊女卑的观点给男孩和女孩带来了同样的压力，特别是那些对自己的性别角色完全没有自信的人。有些孩子几岁之后还会模模糊糊地认为自己的性别是可以改变的，所以从两岁开始，孩子们应该明确地知道自己究竟是男孩还是女孩。

如果一个男孩子长得跟小姑娘似的，他麻烦就大了。陌生人时常把他当成女孩子，甚至家人的朋友也会说在："你真应该是个女孩。"这样的孩子往往对自己的外表不自信，长大后会把爱情和婚姻看成一个严酷的考验，他们在青春期往往会模仿女孩子的行为，表现得如同那些被过分娇惯的女孩子一样，缺乏阳刚之气，爱慕虚荣，爱撒娇，任性骄横。

性别意识的形成期

一个人对异性抱有的认识早在四五岁时就已经开始形成。在出生之后的几周内，男孩子就有了性冲动，但是在找到正确的释放方式之前，没有必要去刺激它。如果性冲动没受到刺激，那么就顺其自然，无需对此大惊小怪。比如，如果我们看到小婴儿在他们不满一岁时就开始观察或触碰自己的身体，一方面我们不要为此担心，另一方面，我们应该帮助他们转移对自己身体的注意力，引导他们更多地关注周围的世界。

如果这种抚摸自己身体的行为不能得到有效制止，我们就得想别的办法了。我们可以断定，这种孩子很有自己的一套，他们这么做并非受到了性冲动的驱使，而是他们想借此达到自己的目的。一般情况下，小孩子的目的就一个：引起关注。他们能觉察到，这种行为会让父母担心害怕，所以就利用这些感情引起大人的关注。因此，如果他们的这种行为再也无法引起家长的关注，他们自然会放弃。

家长抚摸孩子，深情拥抱他们，亲吻他们，都是在传递长辈的关爱，但是注意不要引起孩子不当的生理反应。还有，当成年人在回忆他们的童年时代的时候，他们常常会谈及父母书房里看的某本色情书籍或者自己看过的淫秽电影给他们带来的刺激。因此，最好的办法就是避免让孩子接触这些不健康的书籍和电影，以免引起他们的性欲望。

我们前面提到过另一种刺激，即给孩子过多灌输了一些他们不需要知道的性的信息。很多成年人热衷于对孩子过早地进行性教育，因为他们害怕孩子因对性的无知而遭遇危险。其实，如果我们想想自己和他人的经历，这些危险根本不存在。最好等到孩子自己对性有了好奇心，并且渴望了解一些情况的时候再告诉他们。如果家长细心的话，即使孩子没有问这些问题，他们也会觉察到孩子的好奇心。如果孩子和父母之间关系融洽，他们自然会向父母提出问题，而父母的讲解显然也不能超过孩子的理解和接受能力。

另外，父母也不要当着孩子的面表现得过分亲密。如果条件允许的话，孩子不应该跟父母睡在同一个房间，更不能睡在一张床上，女孩和男孩也要分房睡。家长们必须时刻关注孩子的性格和身体发育情况，不要用谎话来敷衍孩子，否则就无法得知孩子会受到什么样的影响。

青春期的期待

人总是要经历人生的某些阶段，这些阶段被称作人生转折点。比如，几乎全世界都认为，青春期是一个独特的个性化的时期。更年期也是如此。然而，这一时期并不会带来剧烈的变化，这只是人生继续发展的一个阶段，青春期的行为没有那么重要，重要的是他们对这一阶段的期待是什么，他们对这一阶段有着怎样的认识，以及他们自己如何面对这一阶段。

孩子们刚刚踏入青春期时会感到惶恐不安。如果我们能正确认识这种反应，就会明白这些孩子一点也不关心青春期身体上的变化，但是会担心社会赋予他们新的责任。但问题是，他们常常认为青春期是一切的终结，觉得自己失去一切尊严和价值，不能再跟人合作，无法做出贡献，也不再被人需要。这些情感和担心导致了青春期一系列问题的出现。

如果能教会孩子们把自己看作社会平等的一员，能够让他们明白自己的使命是为社会做贡献，特别是要教会他们跟异性平等合作，这样青春期就会为他们独立而创造性地解决成年问题提供很好的机会。如果他们感到自卑，或者对自己有着错误的认识，就不可能为青春期获得的自由做好充分准备。如果他们身边总是有人迫使他去做必须做的事情，他们也能完成，但是如果放任自流，他们就会因犹豫不决而导致失败。这样的孩子需要有人给他们施压，而自由只会让他们感到茫然，不知所措。

第九章　犯罪与预防犯罪

犯罪的原因

　　个体心理学能够帮助我们了解各种各样的人，也能让我们知道，不管属于哪个类型，实际上彼此间的区别并不大。比如，罪犯与问题儿童、神经官能症患者、精神病人、自杀者、酗酒者以及性变态的失败根源都是一样的，都是因为没有找到正确的方法来解决人生问题。他们犯了同样的错误：他们既不关注社会也不关心他人。但是仅凭此一点，我们也不能认为他就跟别人不同。没有人具有完美的合作精神和社会情感，罪犯和普通人的区别在于，普通人所犯的错误没有罪犯严重而已。

为获取优越感而努力

　　要了解罪犯，我们还必须要明白一件重要的事：他们和普通人一样都希望能克服困难。我们一生为着自己的目标而努力，只有实现了目标，我们才能感到自己的强大，才能产生优越感，认为人生才会圆满。这是一种为获取安全感而做的努力，也有人把它称为自我保存。不管把它称为什么，我们最终还是会发现人们都无一例外地拥有同一个人生主题——努力从自卑走向优越，从失败走向成功，从卑微走向尊贵——这一人生主题自始至终贯穿人的一生。生命就意味着继续在这个星球存在下去，努力排除一切障碍，克服一切困难，这也是罪犯的生活哲学，我们不必对此大惊小怪。

罪犯的行为和态度都说明，他们努力让自己变得强大，有能力解决问题，克服困难。努力争取并不是他们和普通人的区别，真正的区别在于努力的方向不同。如果我们认识到，他们之所以会走上犯罪的道路是因为他们不懂得社会的需要，也不关心他人，那么他们的犯罪行为就不难理解。

环境、遗传和变化

有些人对罪犯有一个误解，认为他们不是正常人，和普通人完全不同。比如，一些科学家声称，罪犯的头脑发育不全。还有一些持犯罪遗传说的观点，认为犯罪是天生的，是无法阻止的。还有人甚至把这句话挂在嘴边："一次犯罪，终生犯罪！"我绝对不这样认为，一是大量的证据可以驳斥这些错误的观点，更重要的是，一旦这些错误的观点根深蒂固，我们就不会有机会解决犯罪问题，这就背离了我们要尽快终结这一灾难的愿望。历史告诉我们犯罪行为会带来毁灭性的后果，我们急于采取措施来制止犯罪，所以绝对不能为了回避问题，敷衍塞责说上一句："犯罪是遗传问题，我们对此无能为力。"

犯罪跟环境和遗传都没有关系。生长在同一个家庭或具有同样成长环境的孩子可能最后的发展完全不同。有的德高望重的家庭也会产生罪犯，但是家里常有人蹲监狱或接受劳教的家庭里的孩子也有可能性格好、行为端。另外，一些曾经的罪犯后来洗心革面，重新做人，就连犯罪心理学家们也难以解释，为什么有些盗窃犯在三十岁时就会踏实下来，成为良民。无论犯罪遗传说，还是犯罪环境说，都不能对这种现象做出解释。其实，按照我们的观点，这种转变没什么难解释的。或许是因为有些人的境况变好了，社会对他们的要求没那么多了，而他们错误的生活态度也没有机会表现出来；又或许他们通过犯罪获得了想要的一切，因此再去犯罪对他们没什么意义了；又或许，随着年纪的增长，他们已不再适应犯罪职业，他们关节僵硬，身手不再如先前那般灵活，他们对盗窃开始力不从心。

童年影响和罪犯的生活态度

要想让罪犯洗心革面重新做人，唯一的方法就是要查明他们合作能力的培养在幼年时期受阻的原因。个体心理学在这方面为我们提供了一些线索，让我们能够拨云见日，洞悉状况。到了五岁，孩子的心智还是一个整体，性格的方方面面都相互联系。遗传和环境对他们的发育起到了一定的作用，我们并不关心那些孩子给世界带来了什么，也不在意他们的经历，而是更关注他们如何利用这些经历，如何从中受益，如何对待这些经历。这个方面的调查尤为重要，因为我们对于遗传而来的能力或缺陷真的一无所知。我们需要考虑的是他们的生长环境究竟对他们带来何种影响以及如何充分利用这些影响。

所有的罪犯仍然具有一定的合作能力，这一点能使他们的罪行稍稍减轻。但是，他们的合作能力还达不到社会的要求，父母应该对此负主要责任。他们必须懂得如何拓宽孩子关注的范围，教会孩子们学会关注别人，对整个人类以及他们未来的生活产生兴趣。但是有些父母并不想让孩子关注别的什么人；或许因婚姻生活不够美满，夫妻不和；也许他们正在考虑离婚，或者彼此心存嫉妒。因此，其中有一方就想把孩子完全占为己有。他们溺爱孩子，对他们娇生惯养，不愿意他们变得独立。显而易见，在这种情况下，孩子的合作能力肯定得不到培养。

关注其他孩子对于社交兴趣的发展极为重要。有时候，如果某个孩子受到父母一方的偏爱，其他孩子不会对他友好，而是尽力将他排挤出自己的社交圈子。一旦这种情况被误解，往往就成为犯罪的开始。如果一个家庭里有个特别优秀的长子（女），接下来出生的孩子常常是问题儿童。也可能会出现这种情况，一个家庭里的次子更加地友善和讨人喜欢，而哥哥或姐姐却感到弟弟夺走了父母对他（她）的爱。他（她）就会欺骗自己，认为自己受到了忽视，还为此寻找证据，结果行为越来越糟糕，家长对他（她）越来越严厉，然后他（她）就更加确信自己不受人待见。他（她）有了剥夺感，于是开始行窃，被人发现受到惩罚，这又进一步让他（她）确认自己处于没人爱、受排挤的地位。

如果家长当着孩子的面怨天尤人，也会阻碍孩子社会兴趣的发展。如果他们总是指责亲戚或邻居，表现出坏情绪或者偏见，孩子们也会因此失去社交兴趣，在这种环境下成长起来的孩子，如果对同伴心怀偏见，甚至最终会与父母为敌，都是预料之中的事，不值得大惊小怪。如果他们对社会不感兴趣，就会变得自私自利。孩子们总是觉得："我为什么要为别人做事？"在这种思想的桎梏下，如果他们不能独立解决遇到的人生问题，肯定会表现出犹豫不决，转而寻找捷径。他们觉得努力奋斗太辛苦，毫不在意给别人带来的伤害。这就是他们的竞争特点——为了达到目的，不择手段。

我给大家举几个案例来说明犯罪的发展过程。有这样一个家庭，老二是个问题儿童。他身体健康，没有任何天生的缺陷。老大是家里的宠儿，因此他的弟弟老是想着赶上他。弟弟的生活就像一场赛跑，一心想着超过跑在最前面的选手。他对社会不感兴趣，非常依赖母亲，想让她为他做一切事情。要赶上他的哥哥可是件难事，要知道他的哥哥是班里数一数二的好学生，而他的成绩却在班级垫底。

他想要控制和主宰别人的欲望显而易见。他过去常常对家中的一位女佣发号施令，让她围着屋子踏步走，像训练战士一样训练她。这位女仆很喜欢他，心甘情愿随他摆布，这种游戏一直持续到他二十岁。他经常会感到焦灼不安，害怕完不成别人交给他的任务。事实上，他从来都是一事无成。他手头紧的时候就找母亲要点钱，即使遭到指责与批评，也依然我行我素。

他突然结婚了，这让他进一步陷入了困境。但是，对他而言，他早于哥哥成家是很重要的事，这是属于他的一个巨大胜利。这件事足以说明他对自己的价值评价很低，竟然用这种荒唐的方式取得"胜利"。他对婚姻并未做好准备，夫妻老是吵架。此时，他的母亲已经不能再像以前那样帮助他了，于是他订购了很多架钢琴，然后卖掉它们，拿到钱，自己却没有为那些钢琴买单。他因为这件事锒铛入狱。从这个案例中，我们看到其实早在他的幼年时代就已经播下了后来犯罪的恶种。他在哥哥的阴影下长大，就像被大树夺走了阳光的一棵小树。他固执地认为，他之所以受到轻视和冷落，全是因为他的哥哥太优秀的缘故。

我还要再说一个十二岁女孩的故事。她受到父母的宠爱，很好强。她很嫉妒她的妹妹，无论在家还是在学校都跟她较劲。她非常关注妹妹是否更受宠，得到更多的糖或钱。一天，她从同学的口袋里偷了钱，被发现后受到惩罚。幸运的是，我能够给她解释清楚她的问题，让她摆脱跟妹妹竞争的想法。与此同时，我跟她的家人进行了沟通，他们也尽力阻止了姐妹之间的竞争，不让姐姐感到妹妹比她更受宠。这事发生在二十年前，现在，当年的那个姐姐已经长成一名诚实的女士了，已经为人妻，为人母，而且从那以后，再也没有犯过大的错误。

罪犯的人格结构

在第一章，虽然我们已经探讨了孩子发育过程中会遇到的危险，在此我还是想简要地重述一下。如果个体心理学的发现是对的，我们只有承认了这些情况对罪犯的人生观产生的不良影响，才能真正地让他们学会合作，所以再次重申是非常必要的。成为罪犯的孩子可以分成三种：第一种是先天具有身体缺陷的孩子；第二种是受溺爱的孩子；第三种是被忽视的孩子。

通过追踪研究罪犯，以及看到的书上和报纸上关于犯罪的描述，我尝试着弄清楚罪犯的人格结构，在这方面，个体心理学总是能为我指点迷津。下面我再跟大家分享几个更深层次的例子。

1. 康拉德的故事

康拉德在别人的帮助下杀害了自己的父亲。父亲生前总是冷落这个男孩，不光虐待他，还虐待家里其他所有的人。有一次，这个男孩反抗了他，他就把孩子告到了法院。法官无奈地对这个孩子说："你的父亲凶恶不讲理，我对此无能为力。"

你瞧见法官是怎样给这个男孩解释的了吗？男孩的家人努力要摆脱这种困境，但是无济于事。后来，这位父亲把一个道德败坏的女人带回家同居，把儿子赶出了家门。就在此时，男孩认识了一个临时工，这个临时工有个特别的癖好——挖母鸡的眼睛。临时工建议男孩杀掉父亲，男孩考虑到自己的母亲，对这个建议犹豫不决，但是后来的情况变得更加糟糕。深思熟虑后，男孩下定决心除掉父亲，在临时工的协助下杀死了父亲。

这个案例告诉我们这个男孩甚至不能将合作的社交行为扩展到父亲身上。他仍旧对母亲有着深深的依恋，非常尊重她。他需要找些理由，来推卸自己那点社会责任。只有当那个心狠手辣的临时工给他提供了帮助，他才能实施这个犯罪行为。

2. 玛格丽特·茨旺齐格的故事

玛格丽特·茨旺齐格被称为"著名投毒者"。她是一个弃儿，身材矮小畸形。个体心理学认为正是她身体的缺陷才使她充满虚荣，急于得到关注，而且处处都在讨好别人。

她做了很多尝试，始终未能引起别人的关注，这几乎把她推到绝望的边缘。于是，她为了夺人丈夫，给三个女人分别下毒。她觉得自己被剥夺了一切，实在想不出别的招儿"把属于自己的东西要回来"。她还假装怀孕，以自杀威逼，牢牢控制住那些男人。虽然她不明白自己在说什么，但是她的自传却证明了个体心理学的观点："每当我做坏事的时候，我总在想，'从来都没人觉得对不起我，那么我为什么要感到对不起别人呢？'"

她的这些话道出了她是如何走上犯罪道路的，是什么驱使着她，她又是如何推卸社会责任的。当我向她建议跟别人展开合作，多关心别人时，她常常这样回答我："可是他对我不感兴趣啊！"

我就会这样对她说："总得有人主动啊。要是别人不合作，那不是你的问题。我建议你先开始，不要担心别人愿不愿意合作。"

3. NL 的故事

NL 是家里的长子，跛了一只脚，没什么教养，并且他还得承担起父亲的责任照顾弟弟。从获取优越感的角度来看，这种处境似乎是对他有好处的，但是他却总表现出骄横的家长做派。

后来，他一边嘴里骂着"滚出去，你这个老太婆"，一边无情地把母亲赶出家门，使她沦为乞丐。

我们应该为这个男孩感到悲哀，他竟然对母亲都那么冷漠。在我们了解了他的童年后，马上就明白了他是怎样一步步走上犯罪道路的。他失业了很长时间，没有钱，还染上了性病。一天，他出去找工作，但是工作没有着落，为了抢走弟弟微薄的收入，竟然杀死了弟弟。这就证明了他缺乏合作能力。他没钱，没工作，还染上性病，这一切逼着他铤而走险。

4. 一个被收养的孤儿受到养母的溺爱，结果，这个娇生惯养的孩子后来变得很糟糕。他为人精明，总是想让别人记住他，总是想要成为最好的。他的养母赏识他，鼓励他，他却总是撒谎，想尽办法骗钱。他的养父母都是贵族，他总是摆出一副贵族的做派，挥金如土，最后竟然将养父母赶出了家门。

他缺乏教养，娇生惯养让他走上歧途。他认为生活就是通过谎言和欺骗占别人便宜。养母对他很好，甚至要好过自己的亲生儿女和丈夫。这就让他觉得自己拥有特权，但是他却因此贬低了自我价值，觉得自己无法通过正常手段获取成功。

犯罪、精神错乱和怯懦

在进一步阐述观点之前，我想澄清一种错误观点，即所有的罪犯都是疯子。有些精神病会犯罪，但是他们的行为和犯罪有着本质的不同。我们不能让他们承担任何犯罪后果，他们的行为完全是因为我们不能理解他们，错误地对待他们。

同样的道理，我们不能把弱智的人当成罪犯，因为他们只是别人犯罪的工具。他们内心单纯，被一些别有用心的人暗中教唆。这些躲在暗处的教唆犯诱惑他们，挑动他们的贪婪或野心，最终使他们铤而走险，实施犯罪。同样，一些年轻人常常被经验丰富的老手教唆，被指使着犯罪。

所有的罪犯都是懦弱之人。他们认为自己不能解决问题，因此想办法逃避。他们在生活面前和自己的罪行面前都表现出同样的胆怯。他们潜伏在暗处，突然袭击受害者，总是在受到攻击之前掏出武器。罪犯们认为自己很勇敢，我们却不可能认同他们的观点。犯罪是懦夫在模仿英雄的一种行为。他们只是想象着让自己变得强大，觉得自己就是英雄，事实上这是错误的人生观，是一种错误理解。我们知道他们是懦弱的人，如果他们认识到这一点，对他们而言将是个不小的打击。他们虚荣心膨胀，骄傲自大，认为自己比警察还聪明，他们总是会这样想："警察永远别想抓到我。"

但是，如果对所有罪犯的犯罪行为进行仔细地研究，我们就会发现他们以前确实犯过一些罪，只是没有被发现，不能不说这是个令人遗憾的事实。一旦东窗事发，他们就会想："这次是我不够聪明，下一次一定逮不到我。"侥幸逃脱让他们觉得自己了不起，同时还会受到同伙的羡慕和赏识。因此，打破罪犯这种对勇敢和聪明的错误看法非常重要。但是，我们的切入点在哪里呢？其实我们可以从家庭、学校以及拘留中心做起，这些以后再谈。

犯罪类型

罪犯可以分为两类。一类是指那些确实知道需要跟他人合作,但却从来也没有合作过的罪犯。他们总是把别人看成敌人,总是觉得自己被孤立,无人赏识。另一种是幼时被娇惯的孩子。我常常注意到一些罪犯抱怨说:"我之所以走上犯罪道路,就是因为妈妈太溺爱我了。"我们真的应该在这一点上展开研究,但是我在这里只是想强调一下,从很多方面来说,罪犯得到的教育不够,合作能力没有得到很好的培养。

家长们都想自己的孩子长大成为社会的有用之才,只是苦于不知道怎么办。如果他们对孩子专横而严厉,就无法培养出对社会有用的好孩子。如果他们娇惯孩子,事事以他们为中心,孩子们就会觉得自己很重要,而不去努力争取别人的好感。因此,这种孩子不能做到持久的努力,他们总是想得到关注,期待获取。一旦他们的愿望无法得到满足,只会怨天尤人。

一些案例

咱们现在来研究一些案例,看看是否能证明上述观点,不过当初记录描述这些案例并非出自这一目的。第一个案例来自谢尔顿和埃莉诺·T.格吕克合著的《五百个罪行》一书中的"辣手神探约翰"的故事。这个名叫约翰的男孩是这样解释他犯罪的原因的:

"我从来没想到要放纵自己，十五六岁之前，我都跟其他孩子差不多。我爱好体育，经常参加运动，爱泡图书馆，喜欢思考等等。后来，父母让我辍学去工作，除了每周给我留下五十美分，其余的工资都得上交。"

他这是在谴责父母。如果我们研究他跟父母的关系，了解他的家庭环境，就能够真正体会他的感受。如今，我们可以从他的言语中断定，他跟父母的关系并不好。

"我工作了大概一年的时候，交了一位喜欢享受的女朋友。"

我们经常看到一些人走上犯罪道路都有这个原因：他们爱上的女孩都迷恋奢侈的生活。别忘了我们以前提到过——这确实是个问题，也能够考验一个人的合作精神。他的女朋友喜欢享受，而他每周只有五十美分的零花钱。钱不能解决爱情问题，何况，天涯何处无芳草呢，是他自己选错了人。如果我遇到这种情况，我可能会说："如果她只懂享受，她就不适合我。"但是，究竟什么才是生命中重要的东西，每个人的看法都是不同的。

"如今，每周只有五十美分，就是在这个小地方，根本不能提供那个女孩子想要的生活。可老头不再多给我钱，我对此非常生气，一直在琢磨怎样搞到更多的钱。"

按常理来说，我们可能会这样想："找工作，多挣点。"但是他只想走捷径，而且，如果他想找个女朋友，那只是为了寻欢作乐，一点也不愿意辛苦奋斗。

"有一天,我认识了一个人。"

如果陌生人走进他的生活,对他来说是另一个考验。如果一个男孩善于合作,且能明辨是非,他就不会误入歧途,但是遗憾的是这个男孩并不属于这一类。

"他是个聪明的小偷,充满智慧,精通此道,慷慨大方,从不让人失望。我们在这个小镇上做了很多的案子,都侥幸逃脱,我死心塌地跟着他干。"

我们听说他的父母有自己的房子。父亲是工厂的工头,家里的经济情况刚好是收支平衡。家里有三个孩子,在这男孩子犯罪之前,家里没有别的什么人有过不良行为。我真想听听那些坚持犯罪遗传说的科学家会如何来解释这件事。男孩承认在十五岁时第一次跟异性发生了性行为。肯定有人会借此说他性欲过旺,但是除了满足自己的欲望以外,他对别人并不感兴趣。每个人都可能会好色,事实上,他是想成为性方面的英雄,借此获得别人的欣赏。

十六岁时,他因跟人合伙入室盗窃被捕入狱,接下来的问讯证实了我们之前的说法。他想让自己看上去是个成功人士,为了吸引女孩子的关注,赢得芳心,不惜在她们身上挥霍钱财。他戴着宽边帽,脖子上系着红色的围巾,腰带上还别着把左轮手枪,他还给自己起了一个西部逃犯的名字。他是个爱慕虚荣的男孩:他想要自己看上去像个英雄,但是不知道用别的什么办法才能做到。他对自己所犯的一切罪行供认不讳,还说:"不止这些。"他对别人的财产所有权毫无概念。

"我觉得活着没什么意义。我蔑视所有的人。"

所有这些看上去好像是有意识的思想，其实都是无意识的。他自己都不知道自己在说什么。他把生活看成了沉重的负担，但是并不知道自己为什么这么悲观。

"生活教会我不要相信别人。人们总说盗贼之间是没有欺骗的，实则不然。我曾经有个同伙，我对他以诚相待，他却卑鄙地陷害我。"

"如果我能拥有想要的那么多钱，我也会跟别人一样诚实。也就是说，如果我有足够的钱，我就不用工作，想干什么干什么。我从不喜欢工作，我恨它，一辈子都不想工作。"

我们可以这样理解他所说的最后一点："我之所以走上犯罪的道路，全是因为压抑造成的。我不得不压抑自己的欲望，才成了罪犯。"这一点值得我们深思。

"我从来不是因为想犯罪而作案。当然，当我开车去某个地方，就会产生冲动，下手，然后尽快逃脱。"

他相信自己就是英雄，一点也不明白其实自己就是胆小鬼。

"有一次，我偷了价值一万四千美元的珠宝，我兑换了足够的现金，拿着去见我的女友，结果被警察抓住了。"

他们把钱花在女人身上，只有轻而易举地获取她们芳心，才觉得真正征服了女人。

"监狱里设有学校，我也打算尽可能地多学些东西——不是为了自我改造，而是为了以后给社会造成更大的麻烦。"

他的反人类的态度从中可以窥见一斑。他不想跟别人扯上任何关系。他说:"要是我有个儿子,我非要拧断他的脖子不可。我觉得把他带到这个世界上真的是一种罪过。"

对于这样的人我们如何让他改过自新呢? 除了提高他的合作能力,给他指出他的人生错误,别无他法。 只有当我们找到了他在童年形成的错误认识,才能够说服他。 我不知道这个案子究竟是怎么回事。 本案的描述并未涉及我认为重要的内容。如果非要我猜测一下的话,我觉得他应该是家里的长子。 跟所有家庭的长子一样,他一开始很受宠。 后来,由于弟弟妹妹的出生,他失去了原有的地位。 如果我的推测正确,就说明即使这样的小事情也会阻碍合作能力的培养。

约翰还说他在工读学校里受到了不好的对待,后来离开这个学校的时候对社会怀恨在心。 我必须说说这一点。 从心理学的角度来看,罪犯在监狱受到的粗暴对待,对外被说成了是种挑战和磨炼。 同样的道理,罪犯会不断地听到人们这样说:"我们必须终止犯罪高潮。"于是把这当成了挑战。 他们想成为英雄,挑战只能让他们感到开心。 他们会以更大的决心来应战。 如果他们认为自己正在为世界而战,那么还有什么比这事更刺激的呢?

在对问题儿童的教育中,挑战他们就是最严重的错误之一。"看看到底谁更强! 走着瞧,看谁能挺到最后!"这些孩子和罪犯的心理一样,要比别人强的想法让他们无法自拔,他们觉得只要足够聪明,惹了麻烦也不会被逮着。 监狱和拘留中心的一些工作人员有时候会制定一些政策,给罪犯造成一些挑战,这是很危险的。

曾经有个被处决的杀人犯。他残忍地杀死了两个人,他曾在作案之前写下了自己的杀人目的,我因此才可以借机来描述罪犯案发前的作案计划。任何犯罪都是有计划的,罪犯之所以这么做,是要为犯罪行为找到恰当的理由。在我所看到的所有的犯罪口供中,我还没有发现只是对犯罪过程简单明了的描述,也从来没有看到一个罪犯不为自己的犯罪行为辩解。

由此可见社会责任感的重要性,即使是罪犯,也不能逃避,但是,与此同时,他们又在极力逃避,在实施犯罪行为之前,想办法要冲破社会利益的底线。陀思妥耶夫斯基的《罪与罚》的主人公拉斯柯尔尼科夫在作案之前躺在床上想了两个月。为了激励自己,他会想:"我是拿破仑,还是卑鄙小人?"罪犯常常这样来自欺欺人。实际上,所有的罪犯都觉得自己的生活毫无意义,而且也知道什么是有意义的人生,但是,他们因为怯懦而不敢面对,他们之所以怯懦,是因为他们不能成为有用之人,人生问题的解决需要与他人合作,但是他们却没有学会。如我们前文所述,随着年龄的增长,罪犯们想摆脱负担,为自己寻找借口,"他很缺德,是个二流子"等等成为了他们的犯罪理由。

咱们来看看一个罪犯的日记:

"我是个被遗弃的人,遭人白眼,令人厌恶(他天生有个畸形的鼻子),不幸几乎击垮了我。什么也不能阻止我了。我再也无法忍受下去。我也许可以甘受命运摆布,但是我的肚子却不同意。"

这就是他在为自己的犯罪行为开脱。

"我觉得自己会被绞死,但是转念又想,'饿死和绞死又有什么区别呢?'"

在另外一个案例中,一个孩子的母亲这样说道:"总有一天你会把我勒死。"但是,他十七岁的时候却勒死了他的姑妈。 预言和挑战实际上是一回事。 日记上这样写道:"我不关心后果。 反正怎么都是死。 我无足轻重,没人理睬我,我心爱的女孩也躲着我。"

他想吸引女孩的注意,但是他既没有帅气的衣服,也没有钱。 他把女孩看作财产——这就是他解决恋爱和婚姻问题的方法。

"反正都是一回事,要么被救赎,要么自我毁灭。"

虽然我不想这么讲,但是这些人都是在走极端。 他们就像孩子,要么都对,要么都错,他们在"饿死或绞死",或者"救赎或毁灭"两个极端做选择。

"我为周三做好了一切准备。 选好了受害人,伺机而动。 当机会到来时,我就会大展手脚,这可不是什么人都能干得了的。"

他自认为是个英雄:"这件事很恐怖,不是什么人都能做出来的。"他对一个男人突然袭击,用刀杀死了他。 这真的不是一般人能做出来的事!

"他就像赶着羊群的牧羊人,饥饿驱使着我犯下重罪。 我可能也活不成了,但我才不在乎呢。 对我而言,最大的折磨就是饥饿,我已经是无药可治。 接受审判是对我最后的折磨。 罪犯必须要为罪行付出代价，那样去死也比饿死要好。要是我成了饿死鬼，没人会注意到我，可是现在，人们一窝蜂地来看对我行刑，说不定会有人为我难过，那我也算是心愿达成了。可是我觉得不会有人像我今夜这么害怕。"

他并不是自己心目中的英雄！他在接受审问时说："虽然我并未刺中他的心脏，但这并不能抹杀我的罪过，我知道自己注定要被处决。那个男人衣冠楚楚，我一辈子也穿不起他那样的衣服。"他不再说饥饿是促使他杀人的动机了，反倒是那些衣服让他去杀人。"我不知道自己在做什么。"他这样为自己辩解。这种说辞非常常见，只是说法不同而已。有时候，罪犯在犯罪之前会让自己喝得晕晕乎乎。所有这一切都证明他们是如何努力地摆脱最后一点社会责任感。我相信在对每个犯罪行为的描述中，我所呈现的观点都能窥见一斑。

合作的重要性

所有的人——包括罪犯——都在努力获取胜利，显示自己的强大，这是事实。但是，他们的目标却大不相同，我们常常发现罪犯总是从自己的角度和利益出发，并不为别人的利益考虑。他们不跟人合作，而社会需要所有的人，互帮互助，为社会做出贡献。我们人与人之间也是如此。显而易见，成为社会有用之才并不是罪犯们的目标，我们在后面再谈论这种思想形成的原因。我在这里先要说明的是，如果要去了解罪犯，主要看看他们在合作中表现出来的失败的程度和性质如何。

罪犯们的合作能力各不相同，一些能力强，一些能力弱。比如，有人只做些小偷小摸的事，而有人则会犯重罪；有人是主谋，有人是从犯。为了了解犯罪的种类，我们不得不研究罪犯的人生态度。

性格、生活方式和人生三大任务

当孩子四五岁的时候，其特有生活方式的主要特点就已经形成。因此，我们生活方式一旦形成就不容易改变。它是个人特有的，只有自己认识到了错误才能得以纠正。因此，我们明白了，即使罪犯遭到社会的白眼，为社会所不齿，失去了生活中的权利，他也不会改变自己的生活方式，他会一而再、再而三地重复同样的犯罪行为，不断受到惩罚。

犯罪的动机往往不是因为经济原因。当然，如果日子过得艰辛，人们就会感到压力很大，犯罪率就会增加。据统计，有时犯罪数量会随着麦子价格的上升而增加。但是，并不能说经济形势决定了犯罪率。这种迹象说明很多人的行为会受到诸多限制。因为合作能力有限，当他们无法突破这种局限时，就再也无法继续做出贡献，当仅存的合作意识最后也消磨殆尽的时候，他们就会走上犯罪道路。其他的一些事实也告诉我们，有很多生活环境良好的守法公民，如果遇到了意料之外的问题，也可能会犯罪。所以，人的生活方式和解决问题的方法成为是否犯罪的重要因素。

经过个体心理学周密的调查，我们得出一个非常清晰的观点：罪犯一点也不关注他人利益。他们只具有一定程度的合作能力，但是如果超越了他们的合作能力，他们就会走上犯罪的道路。这样，当一个难以解决的问题出现，自然就会成为压垮他们的最后一根稻草。我们面临的人生问题和罪犯不能解决的难题是值得探讨的话题，似乎社交问题成了我们人生中最重要的问题，只有去关心别人，才能解决这些问题。

正如我们在第一章中所述，个体心理学认为人需要解决三大人生问题。第一类是人际问题，即如何跟别人相处。罪犯也有朋友，但是物以类聚，他们的朋友也都是"同道中人"，他们拉帮结派，甚至彼此忠诚，但是社会交往的范围非常狭窄，他们无法跟正常人交朋友。他们就像一帮异乡人，面对陌生的环境，不知道该怎么跟人轻松愉快地交往。

第二个问题是就业问题。很多罪犯在被问到这类问题时，总会这样回答："你根本不知道我的工作环境有多糟糕！"他们不适应工作，也不像其他人那样努力克服困难。有意义的职业意味着关注他人，做有益于他人的事，这恰恰是罪犯的性格中所不具备的，这种合作精神的缺失很早就表现出来了，结果大部分的罪犯都不能达到工作的要求。大部分的罪犯都没有接受过培训，没有技术。如果研究一下他们的过去，就会发现，他们在学校时，甚至是上学之前，他们就对别人不感兴趣，不愿与人合作。合作能力需要培养，而罪犯从来没有接受过合作能力的培训。因此，如果他们不能完成工作，就不是他们自己的错，如果我们对他们提出要求，就像强迫一个从未学过地理知识的人去参加地理测试一样，我们得到的要么是错误答案，要么根本没有答案。

第三大问题是爱情问题。一桩美满和谐的婚姻需要关心与合作。有一半被送进监狱或拘留中心的罪犯都会染上了性病，这一现象应该引起关注，这就说明他们想走捷径摆脱爱情问题。在他们眼中，恋人只是一件财产而已，常常认为爱情是可以用钱买来的，性只是意味着征服、获得和占有，而不是一辈子的相濡以沫。许多罪犯都会这样问："如果我得不到自己想要的东西，那么活着有什么意义呢？"

在面对人生三大问题时，如果没有合作精神，将会是一个重大缺陷。我们无时无刻不需要与人合作，而合作能力的大小通过我们的外表、语言和倾听的方式表现出来。如果是这样的话，罪犯在这些方面肯定与常人不同。他们有另一套自己的语言表达，这一差异很有可能阻碍了他们智力的发展。我们说话是想通过语言获得别人的理解，理解本身就是一种社交功能。我们使用自己和别人都能理解的表达进行解释，但是罪犯却不同。他们的逻辑和思维都与常人不同，从他们的犯罪行为中可以看到这一点。他们并不是头脑愚笨或者智障。如果我们明白了他们把虚假的优越感当作人生目标，就会觉得他们大部分的观点还是合情合理的。

罪犯会说："我看到有个人穿着体面，我却衣着寒酸，所以我决定杀了他。"如果我们按照他们的逻辑去思考，认同满足他们的欲望是最重要的事，那么他们就不需要过什么有意义的生活，他们的想法并不出格，但是这并不是常人的想法。匈牙利曾经有这样一个案子，几个妇女被指控合作投毒杀人。其中一个凶手被送进监狱时这样说："我的孩子是个二流子，总干坏事，所以我才会毒死他。"如果她没有合作精神，还能指望她做什么呢？她很聪明，但是由于人生观不同，所以看问题的角度不正常。我们能够明白，为什么罪犯被什么事物吸引后，就想马上占有它们，因为他们对这个世界不感兴趣，憎恶这个世界，必须把自己的心爱之物夺回来。他们的人生观是畸形的，没有自知之明，也意识不到他人的重要性。

合作精神的早期影响

接下来，我想探讨一下可能导致合作失败的几种情况。

家庭环境

有时我们不得不把合作失败的原因归咎于家长。或许他们没有经验，不能教会孩子与人合作，或许他们表现得一贯正确，似乎不需要任何人帮忙，或者他们自己都不知道怎么与人合作。不幸福或者破裂的婚姻常常是因为缺乏合作精神所致。母子关系是孩子最早与他人建立的一种关系，有的母亲不愿意孩子关注父亲以及别的孩子或成年人。

孩子可能感到自己就是家庭的焦点,到了三四岁时,弟弟妹妹降生,会让老大感到自己的地位降低了。他们拒绝跟母亲以及弟弟妹妹合作,这些都是需要考虑的因素。如果对罪犯的早期生活进行摸底,人们总是能从他们早期的家庭经历中发现一些端倪。这并不是说环境本身导致了他们犯罪,是孩子们误解了自己所处的家庭环境,没有人给他们做出正确的解释。

一个家庭中,如果一个孩子特别优秀,对别的孩子的成长来说不是件好事。这个孩子得到了家人更多的关注,会让其他人感到沮丧,甚至产生挫败感。他们没有合作精神,却充满竞争意识,只是信心不足。我们经常会见到一些这样的孩子,他们身上的优点被这样掩盖住了,不能施展自己的才华,对成长非常不利。这样的孩子以后可能会成为罪犯、神经官能症患者或者自杀者。

如果孩子缺乏合作能力,在上学的第一天就能从行为中体现出来。他们不会交朋友,不喜欢老师,不能专心听讲。另外,如果得不到特别的关注和理解,他们心理上再次受到打击。老师对待这样的学生常常是指责和训斥,而不是鼓励他们,教育他们如何与人合作。怪不得他们那么憎恶课堂!如果失去勇气,自信心被挫伤,他们就不可能对学校生活感兴趣。通常罪犯在十三岁左右时都是慢班的学生,常常会因为笨而受到批评。这给他们以后全部的生活都带来了不好的影响。他们逐渐丧失对他人的兴趣，努力方向偏离正轨，甚至会做出反社会的种种不良行为。

贫穷

贫穷也会导致对人生产生错误的理解。穷人家的孩子出门在外会受到社会的歧视。他们的家庭缺吃少穿，经历过不少的磨难和痛苦。穷人的孩子早当家，年纪轻轻就已经出去做工，帮着父母养家了。后来，当他们遇到一些家境好的人，看到他们生活悠闲舒适，想买什么就买什么，就会感到这些人比他们享有更多的权利。不难理解，为什么大城市的犯罪率高，因为那里贫富分化太严重。嫉妒可不是什么好事情，这些穷人的孩子很容易对自己的处境产生误解，错误地认为富裕的生活和高人一等的地位是通过不劳而获得来的。

身体缺陷

自卑感产生的原因总是跟某种生理缺陷有关。这是我的发现之一，我对此感到些许的愧疚，因为这种观点支持了神经学和精神病学中的遗传理论。但是即使在一开始，我最早写到器官劣势（身体缺陷）和个体的精神代偿时，就承认了这种危险因素的存在。我们不能把自卑感归结于身体障碍，而要审视教育方法。如果教育方法正确，具有身体缺陷的孩子会对自己和别人同样关注。如果没有人关心过他们，他们才会变得自私自利。

很多人都会内分泌失调，但是在这里我想澄清一点，即我们决不能武断地得出结论说正常的内分泌腺的功能应该是什么样。无论人的内分泌腺功能如何变化，都不会对性格产生影响，所以在我们想找到恰当的方法把孩子培养成社会的良好公民，关注他人，与他人展开合作的过程中，这个因素可以不予考虑。

社会不利因素

有很多罪犯是孤儿，我觉得社会并没有向他们灌输合作的思想，这个问题比较严重。同样，有些罪犯是私生子，没人关爱他们，他们也不关爱别人。被遗弃的孩子常常很容易走上犯罪道路，特别是如果他们知道或者感觉到遭人嫌弃，就更容易犯罪。我们发现还有很多罪犯面目丑陋，这个事实可以为遗传说提供证据。但是想想长得不好看的孩子感受如何！他们有着巨大的劣势。或许他们是些种族的混血儿，长相不佳，受到社会歧视。如果这类孩子的外表不讨人喜欢，会给他一生带来破坏性的影响，剥夺了他们可爱纯真的童年时代。但是，如果这些孩子得到正确引导，也能成为社会有用之才。

但是，有时候我们发现有些罪犯长相很好。如果说面貌丑陋的罪犯可以被认为是遗传了不好的基因，比如，畸形的手或者腭裂，那么这些面貌端正的人为什么犯罪？事实上是他们成长的环境不利于社会责任感的培养，说到底，他们都是被溺爱的孩子。

如何解决犯罪问题

我们能做些什么？这是个难题。如果我的观点正确，如果那些缺乏社会责任感和合作精神的罪犯走上犯罪的道路是因为要获取虚假的优越感，我们能做些什么呢？对于罪犯和神经官能症患者来说，除了教会他们与人合作，我们别无他法。我觉得无论再怎么强调这个观点都不为过：如果能让罪犯关注社会和他人利益，学会合作，并通过合作的手段解决人生问题，我们的办法就能取得成效。如果我们做不到这些，犯罪问题就不可能解决。

现在我们明白了，对罪犯的引导应该从教会他们与人合作开始，把他们关在监狱里几乎起不到任何作用，但是放他们出来又会对社会造成危险，而且在目前条件下，这几乎不用考虑。社会应该防止罪犯——但这绝不是全部。我们必须这样想："他们没有为进入社会做好准备，我们能怎么帮助他们呢？"

这个任务说起来容易做起来难。我们不能让他们做简单的事，也不能让他们做困难的事。一味地指出他们的错误或者跟他们讲大道理都无济于事。他们很固执，要知道他们的世界观已经形成多年，我们要想改变他们，就必须找出他们的思想根源。我们必须找到他们犯罪的最初原因，以及是什么样的状况让他们走上了犯罪道路。人的性格在四五岁时已经形成，他们犯罪行为中所体现出来的对自己以及世界的错误认识在那时已经初现端倪。这些早年的错误是我们必须了解并加以纠正的，为此我们必须了解他们早期形成的错误的人生态度。

随着年龄和阅历的增加，他们会用个人经历来证明自己的人生态度的正确性。如果某些经历跟他们的人生态度相矛盾，他们就会挖空心思地让它们与自己的人生态度相符。如果某个人的人生态度是："所有的人都羞辱我，对我不好。"那么他们就会从生活中找些证据来证明自己的这种看法。他们会拿生活事件做例证，而对一切不利于他们观点的例子视而不见。罪犯只关心自己的利益，有自己的认知方法，独特的观察和倾听方式，从不在意那些跟自己人生态度相左的事物。因此，我们只有搞清楚他对人生的理解，他们的自我认识，以及找到他们人生态度形成的原因，才能规劝他们重新做人。

体罚的局限性

体罚不但不能让罪犯学会合作，还会让他们更加痛恨社会，所以这种惩罚方式算不上有效。或许他们在上学的时候经常受到体罚，没人培养他们的合作能力，因此他们不光学习成绩一塌糊涂，而且还在班级惹是生非，自然会受到斥责和惩罚。这样能提高他们的合作能力吗？不，这只能让他们更加绝望，觉得人们都在跟他们作对。当然，他们也憎恶学校。请问，谁会喜欢一个总受到斥责和惩罚的地方呢？

孩子们会因此失去一切自信，对学业、老师跟同学都漠不关心。他们开始逃学，在那些不能被人发现的地方，找到了一些同病相怜的伙伴。这些伙伴理解他们的处境，从不指责他们，相反，还常常恭维他们，肯定他们，让他们觉得自己还有希望。当然，因为他们对社会不感兴趣，所以只把这些伙伴看作自己的朋友，而共同与社会为敌。那些人喜欢他们，他们也喜欢跟那些人混在一起。成千上万的孩子们就是这样加入犯罪团伙，如果我们以后还继续这样对待他们，他们就会认定我们是死敌，而罪犯才是他们真正的朋友。

这些孩子不应该成为人生的输家，我们有责任不让他们失去希望。如果让学校行动起来，给这些孩子以勇气和信心，就能容易地阻止他们走向歧途。我们会在后面详细探讨这一建议，但是目前只是用它作为例证，意在说明：对罪犯而言，惩罚只是社会对他抱有敌意的一种表现而已。

体罚之所以起不到什么效果还另有他因。很多罪犯不珍惜自己的生命，有些差点自杀。体罚甚至死刑对他们来说并不可怕，他们整日琢磨着如何跟警察斗，根本感受不到痛苦。对他们而言，这些仅仅就是挑战。如果他们受到监狱工作人员严厉管束，苛刻对待，他们就会坚决地反抗，这样更让他们觉得自己比警察强。

他们总是用这种思维去看待一切事物。他们想通过跟社会作对，争取自己的利益，变得更强大。我们一旦具有了同种思维方式，就会给他们造成可乘之机。他们甚至觉得坐电椅也是一种挑战。罪犯们想象着自己在跟可怕的怪物（即警察）进行战斗。惩罚越严厉，他们就越想表现得强大。不难看出很多罪犯都有着这种思想。 在行刑前最后几个小时内，那些被处以极刑的罪犯常常还会后悔自己因为不够小心才被逮到："要是我不把眼镜落在那里就好了！"

合作精神的培养

我们已经说过孩子不应该失去勇气，不应该有深深的自卑感，也不应该认为合作没有任何必要。 没人理所当然应该被人生问题打败。 罪犯选择了错误的解决办法，我们必须让他们明白错在哪里，为什么要关注他人，学会合作。 如果他们能充分认识到这一点，就不会再为自己的犯罪行为找借口，以后也不会有人犯罪。 所有的关于犯罪的描述，无论是实是虚，我们都能从中看到童年形成的错误的人生态度以及合作精神的缺失对后来的生活造成的不良影响。

我想强调一点：合作能力需要学习，没人天生就具备合作精神。 合作能力的发展需要潜力，虽然潜力是与生俱来的，但是每个人都有这种学习潜力，因此要想发展合作能力就必须通过训练和练习。 我不关心其他关于犯罪的观点，除非是有人接受了合作能力的培训之后还会犯罪。 我从未见过这样的罪犯，我也从来没听说过谁见过。 预防犯罪需要培养一定的合作能力。 只要认识不到这一点，就无法避免犯罪这一悲剧。

让孩子们学会合作跟教授地理知识是一样的方法，我们只是把事实讲给他们听。 如果孩子们没有为地理测试做好准备，成绩就不会合格。 同理，不管孩子还是大人，如果没有接受过合作能力的培训，结果也好不到哪里去。 只有通过合作，一切问题才能得到解决。

关于犯罪问题的科学研究到这里已经接近尾声，是时候鼓起勇气直面事实了。 千万年来，人们苦苦思索，就是找不到解决这一问题的有效方法，一切尝试似乎都无济于事，这一灾难始终与人类如影相随。 通过研究，我们明白了其中的原因：从来就没有采取适当措施改变罪犯的生活方式，阻止他们错误的人生态度的发展，因此一切尝试都是无效的。 由此可见，我们必须要做到的事就是教会罪犯学会合作。

如今我们不仅拥有了这方面的知识，而且还有了丰富的经验。 我相信，个体心理学会告诉我们如何让每个罪犯重新做人，但是设想一下，改变每个罪犯的生活方式将会是多么艰巨的任务啊！ 遗憾的是，在我们这个社会中，很多人因为面临的巨大困难而产生退缩，不跟人合作，尤其在世道不好的时候，犯罪率总是攀升。 因此我认为，要想杜绝犯罪现象，我们需要教育大部分的人，因为短期内使每个罪犯或潜在的罪犯都成为社会的有用之才的目标是不现实的。

实用方法

但是，我们还有很多事可以去做。 即使我们不能让每个罪犯都能改过自新，重新做人，也能够帮助那些无力承受生活重担的人减轻一些负担。 比如，对于那些失业或者没有接受过职业培训，没有技术而需要工作的人，我们应该想法让他们得到一份稳定的工作。 只有这样，他们才能达到社会的要求，大部分人都不会失去最后的合作能力，毫无疑问，犯罪率也会因此降低。我不知道现在是不是到了改善人们的经济状况的时候了，不论怎样，我们必须向着这个方向努力。

我们也应该教育孩子，以便他们为迎接将来的生活准备得更充分，选择面更广，工作做得更好。 监狱同样可以进行这样的教育。 从某种程度而言，已经在往这方面努力了，我们需要的是再加把劲。 虽然我认为不可能对每个罪犯都进行单独教育，但是可以对他们进行集体教育。 比如，我提议，应该组织一些罪犯就某些社会问题展开讨论，就像我们在这里的讨论一样，让他们给出答案。 我们应该启发他们，将他们从迷梦中唤醒，帮助他们摆脱错误世界观的不良影响，鼓励他们挖掘自己的潜力，说服他们不要人为地给自己下定论，当他们面临人生难题和困境时，我们应给予安慰，如果能做到这些，我相信我们的工作一定会取得良好的效果。

我们应该尽可能地消除社会上一些诱惑穷人、诱发犯罪的不利因素。 如果社会上贫富悬殊，就会激怒那些穷人，招致他们的嫉妒。 因此，我们要保持低调，没必要去炫富。

在跟那些有生理缺陷的孩子或是不良少年打交道的过程中，我们明白了一点，即惩罚对他们起不到任何作用。 他们错误地认为自己在跟不利的环境作抗争，罪犯的思维跟他们如出一辙。我们可以看到，全世界的警察、法官甚至是法律条文是怎样在跟罪犯作对，激发他们的反抗心理。 罪犯不应该受到威胁，如果我们在言行上更谨慎些，不去提及罪犯的名字，不把他们太多地曝光，可能效果会好些。我们对罪犯的态度是错误的，无论严厉还是温和，都不能让罪犯发生改变，只有让他们明白自己的状况时才会有改变。当然，我们应该人性化地对待他们，而不是用死刑来恐吓他们。正如我们所见，死刑有时只能让罪犯觉得犯罪是更加刺激的游戏，即便是当他们被行刑时，还会一直在想到底是自己的什么失误导致了他们落入法网。

如果破案率升高，也会有利于我们的研究。据我所知，至少百分之四十甚至更多罪犯还逍遥法外，这一点让罪犯们更加有恃无恐。几乎所有的罪犯都经历过一些犯罪行为没被发现的情况。我们在这方面已经取得了一些进步，而且朝着正确的方向继续前进。不论罪犯是在监狱服刑还是刑满释放，都不应该遭到羞辱，受到挑衅，这是很重要的一点。我们可以增加感化官的职业队伍，但是所选派的感化官必须具有职业素养，受过培训，知道如何面对社会问题，如何与他人合作。

预防方法

如果这些建议得以采纳，我们一定会取得硕果，但是，还是不能将犯罪率降低到我们所期望的那样。幸运的是，我们还有别的一个方法，这一方法既实用又有效。如果我们培养孩子的合作能力，引导他们关注社会，未来成为罪犯的人一定会大幅度减少，而且在不远的将来就能看到成效。这些孩子不会因为被他人怂恿或受到诱惑而实施犯罪。无论遇到怎样的困难，关注他人的品质不会完全被摧毁。与我们这代人相比，他们有着更强的合作能力，能够更好地解决人生问题。

大部分的罪犯开始犯罪的年龄都很小，通常都是从青春期开始，一般集中在十五岁至二十八岁之间。因此，我们的措施马上就会见效。另外，如果孩子接受了正确的教育，他们会对整个家庭生活产生影响。生活独立，目光远大，积极乐观，发育正常的孩子是父母的好帮手和慰藉，合作精神会传遍世界，人类社会将会发展到一个新的高度。当我们对孩子产生影响的同时，也应该对孩子的家长和老师产生影响。

唯一亟待解决的问题是如何选择最好的切入点，以及采取什么方法教会孩子应对成年后会遇到的人生问题。或许我们应该对他们的父母进行培训？但这是行不通的。这个提议没什么戏。一方面是联系家长并不方便，最需要培训的家长常常都是些难得一见的人，所以我们得另寻他法。或许我们可以抓住所有的孩子，锁在屋里，将他们置于我们的监管之下，无时无刻不小心翼翼地照看他们？这个办法也好不到哪里去。

好在我们还有一个可行的办法，有希望真正地解决问题。我们可以培训教师，靠他们推动社会的进步。我们培训教师纠正孩子的家庭所犯的错误，发展和引导他们关注社会和他人，学校对此责无旁贷。家庭教育不能满足孩子以后解决人生问题的需要，学校教育是家庭教育的延伸，有何道理不利用学校教育让孩子们变得更合群、更善于合作、对人类利益更加关注呢？

我简单说一下我们的方法实施的理念。由于人们的贡献，我们才享有各种社会带给我们的便利。如果个体没有合作精神，不关注别人，不对社会做贡献，他们就算白活了一回，身后不会留下一丝痕迹，因为只有贡献才能永存，人的思想才能继续流传于世，永不磨灭。如果我们把这一点当作教育的基础，孩子们自然愿意跟人合作完成工作，困难面前不退缩，在最大的困难面前充满勇气，维护好每个人的利益，智慧地解决它们。

第十章　职业问题

平衡人生三大问题

人类的三大关系产生了人生三大问题，但是这些问题绝不是相互独立的。只有其中两个问题得到圆满解决，第三个问题才能迎刃而解。第一种人际关系催生了工作的问题。我们生活在这个地球上，地球为我们提供了丰富资源、肥沃的土壤、各种矿藏以及适宜生存的气候和环境。人类有责任解决这些自然条件给我们带来的种种问题，但是直到今天，我们还不能对自己满意。每个时代的人们都使这些问题在一定程度上得到解决，但是仍然需要进一步的改善和发展。

要解决第一个问题，即职业问题，就必须先解决第二个问题，即人际交往问题。束缚人类的第二大联系即我们都是社会的一员，要想生存就必然跟别人建立联系。如果我们孤零零地生活在地球上，我们的人生态度和行为与现在必然截然不同。我们必须考虑别人的利益，学会适应他人，关注他人。培养友谊，具有社会责任感，善于合作是解决这一问题的最佳方法。随着第二大人生问题的解决，第一个问题的解决也会向前迈一大步。

正是因为人类学会了合作，才有了劳动分工这一伟大的发明，而分工为人类幸福提供了最大的保障。如果人类不懂合作，或是不能借助前人合作的硕果，单单靠自己在这个世界上挣扎过活，根本不能繁衍生息下去。有了分工，我们才能利用各种培训的成果，发挥各种能力，人人参与为社会做出贡献，确保人人安全，增加每个人的机会。当然，我们不能说已经功成名就了，也不能说劳动分工已经达到了至高水平。然而，要想解决问题，就必须在劳动分工的前提之下，通过共同努力为社会利益贡献自己的绵薄之力。

一些人试图躲避职业问题，要么根本不工作，要么忙着跟社会利益毫不相干的事。但是，他们躲避这个问题，其实是在向别人寻求帮助。他们以这样或那样的方式靠别人过活，自己却一事无成。娇生惯养的孩子总是有这样的表现：凡是遇到应该由自己解决的问题，他们偏偏会要求别人替他解决。那些没有合作精神的人通常小时候都过分受宠，他们总是把责任甩给那些善于积极解决人生问题的人，这是不公平的。

束缚我们的第三种联系就是性别问题。人类要想繁衍生息下去，取决于我们对异性的态度和性别角色的履行。两性关系会出现问题，这个问题不能单独得到解决。要想成功解决爱情与婚姻问题，必须要先找到一份有益于社会的职业，除此之外，还要跟他人建立良好的伙伴关系。我们已经知道，在当今社会，按照社会和分工的要求，解决爱情与婚姻问题的最好办法就是一夫一妻制。个人对待婚姻和爱情的态度如何，就能清楚地反映出他们合作能力的大小。

人生三大问题不是孤立存在的，而是彼此关联，相互影响。一个问题的解决会促进另外两个问题的解决。实际上，我们可以这样说，它们是一个问题的不同方面，其实是同一个问题，都是为了让人类在自己的环境中繁衍生息。

有人会拿职业当借口，来逃避爱情和婚姻问题，有时把婚姻失败归咎于工作问题。一个全身心扑在工作上的伴侣常常这样想："我没时间经营婚姻，所以婚姻不幸福并不是我的错。"尤其是神经官能症患者常常会逃避社交和爱情问题。他们不跟异性接触，对异性不感兴趣，整日扑在自己的工作上。他们满脑子都是工作，甚至做梦都在想工作的事。工作使他们的神经高度紧张，直到出现神经官能症的症状，比如胃痉挛等。他们总是觉得这些可以让他们有理由摆脱社交和婚姻问题，还有人不断地变换工作。他们总是想找一个更适合自己的工作，但事实是，他们无法安心坚持做一份工作，而是必须不停地跳槽。

早期培养

在孩子职业兴趣的发展过程中，母亲是最早对孩子产生影响的人。四五岁之内接受的培训和家长的努力会对孩子成人后主要从事的活动产生决定性的作用。如果有人打电话请求我给一些就业指导，我总会询问他们的幼年生活以及当时的兴趣何在。通过他们关于这个时期的记忆，我就能判断出他们曾经接受了什么培训，了解他们的理想以及他们的精神世界。关于早期记忆的重要性，我稍后再讲。

下一步培训需要在学校进行，我相信，学校现在更加关注学生们未来的职业，通过培训使他们变得耳聪目明，双手灵活，提高他们的能力。这些培训跟学业课程一样地重要。但是，我们不能忘了，学校课程的学习对孩子的职业发展也很重要。我们经常听到一些成年人抱怨自己忘记了在学校学的拉丁语或法语。尽管如此，这些课程还是非常重要的。在课程学习的过程中，我们会发现借助于积累的经验，思维会得到全面的、很好的训练。一些学校还很注重技艺和手工技能的培训，这样既增加了孩子们的实践，又有助于提高他们的自信心。

纠正潜在的错误

有些人对任何职业都不满意。他们想要的不是一份职业，而是希望不费吹灰之力就能比别人强。他们不想面对生活中的难题，认为命运待他不公。他们都是小时候受到溺爱的孩子，一直在别人的呵护下长大。

有些孩子永远不希望自己成为领袖。他们只是想找个自己敬重的人做领头羊，对他俯首帖耳。这也是发育不良的一种表现，最好不要让这种趋势持续下去。如果在童年时期这种心理得不到纠正，成年以后就不可能胜任领袖角色，只能做无足轻重的小职员，每天干些杂务，墨守成规。

不想做事、心不在焉、懒惰等习惯都在幼年时期形成。当我们看到孩子在躲避困难，就应该用科学的方法找出原因，并帮助他们改正错误。如果我们所居住的星球能够无偿提供我们需要的一切，说不定懒惰会被奉为美德，而勤奋反倒成了罪恶。但是，目前看来，我们和地球的关系，按正常的逻辑来说，符合常理的做法是努力工作、善于合作、自我奉献。以前人们都是从感觉上这样认为应该这么做，下面我们就从科学的角度来进行分析这样做的必要性。

天才和早期努力

从那些天才身上我们总是很清楚地看到早期培养的重要性，我认为对天才的分析可以让我们更加了解这个问题。只有那些为公共利益做出巨大贡献的天才才是真正的天才，没有为人类谋福利的人不是天才。艺术都是由那些最具合作精神的人创造的，这些伟大的天才将我们的文明推进到一个更高的水平。荷马在他的诗作中提到了三种颜色，而这三种颜色确实是构成其他所有不同颜色的基础。现在什么人能教给我们生活中的各种颜色之间的关系呢？我们必须承认这些都是艺术家和画家的工作。

作曲家提高了我们的听力欣赏水平，如果跟声音粗哑的祖先比起来，我们的歌声更加优美的话，那都是音乐家的功劳，是他们丰富了我们的精神世界，提高了我们的听觉，培养了优美的嗓音。是谁让我们变得情感丰富、表达更加清晰、理解更加充分？是诗人。他们丰富了我们的语言，使我们更加灵活而恰当地运用到任何场合。

天才都是最具有合作精神的人，这一点毋庸置疑。虽然从他们表现出来的态度和言行中，我们没有看到他们的合作精神，但是从他们的一生来看，合作精神就会清楚地展现出来。他们不能像常人那样合作，因为他们选择了一条艰辛的道路，需要克服很多的障碍。他们常常是天生具有身体缺陷的人，几乎所有杰出的人物都具有某种先天不足，虽然他们一开始受尽磨难，但是经过努力最终战胜了困难。我们清楚地看到，他们兴趣的产生是多么地早，童年的训练是多么地辛苦。他们训练自己，变得更加敏锐，就是为了能接触和理解世上的问题。从这些早期训练中，我们可以断定他们的艺术作品和杰出才华都是自己后天努力结出的硕果，而不是拜自然或者遗传所赐。他们通过自己的努力为后世留下了宝贵的财富。

人才培养

早期的努力是后来取得成功的坚实基础。假设有个独处的三四岁的小女孩，她给布娃娃开始缝帽子，要是大人看到了，告诉她什么样的帽子最漂亮，并且告诉她怎么把帽子做得更好看，女孩子就会受到鼓励，会表现出更大的热情，付出双倍的努力，帽子就会做得更好。但是，如果我们对她说："快放下针！别扎到自己！根本不用你来做帽子。我们出去买个更漂亮的。"

她就会放弃努力。如果把这两个女孩子长大后的情形加以对比，就会发现受到鼓励的女孩子更有艺术品位，对劳动更感兴趣，而第二个受到打击的女孩子不知道自己能做什么，会觉得买的东西肯定比自己做的要好。

发现孩子的兴趣

孩提志向

如果孩子在童年时期就知道自己将来要从事哪种职业，他的成长会更加顺利。如果我们问孩子将来要干什么，大部分的孩子都能给出答案。他们的答案并不是经过深思熟虑才得出来的，当他们说想成为飞行员或火车司机的时候，他们并不知道自己为什么要选择这些职业。我们有责任找出其中暗藏的动机，确定他们准备努力的方向，找出他们前进的动力，心中的目标以及为什么认为自己有能力选择这些职业。他们给出的关于未来职业的答案说明，他们似乎只认定一种职业可以让他们拥有成就感，但是我们从这一职业选择中能够发现有助于他们获得成就感的其他机会。

十二至十四岁的孩子更清楚自己将来想做什么，每当听到这个年龄的孩子不知道自己将来想做什么的时候，我总是感到很遗憾。他们没有理想抱负，但是这并不意味着他们对一切不感兴趣。他们可能野心勃勃，只是信心不足，不敢让别人知道而已。对待这种情况,我们必须不遗余力地找出他们主要的兴趣和训练经历。一些孩子到十六岁高中毕业时仍然会对未来没有什么明确的打算。其中不乏优秀学生,他们对未来的生活感到一片茫然。这些孩子缺乏的不是理想,而是合作精神。他们不能在劳动分工中给自己定位,也找不到可行的方法实现理想。

因此,在孩子很小的时候就问问他们将来想要从事的职业是有益处的。我常常问班里的孩子这个问题,这样孩子就得好好思考,把这个问题放在心上,或者努力给出答案。孩子选择什么职业可以反映出他们的人生态度如何,这决定了他们努力的方向以及生命中最珍视的东西。既然职业本无高低贵贱之分,我们要让他们学会珍惜自己的选择。如果他们真正做到踏实工作,为他人奉献,无论他们做什么,都跟别人一样重要。他们唯一要做的就是接受培训,增强自己的能力,在劳动分工的前提下不懈追求,实现自己的目标。

对于大多数的人来说,他们的兴趣可能都是在四五岁时接受的培训中养成的,这一直让他们念念不忘,只是后来出于经济因素的考虑,或者父母施加的压力,不得不从事不感兴趣的职业。这也是早期教育带来的另一个影响。

早期记忆

在对一个人进行就业指导时,早期记忆是需要仔细考量的因素。如果孩子很早就对观察到的事物感兴趣,那么可以断定他们将来更适合做跟视觉有关的工作。孩子们可能会提到某个跟他谈过话的人、风声或者铃声，这类人就属于听觉型，应该更适合跟音乐有关的职业。有些孩子对一些活动记忆深刻，他们可能对那些体力劳动或者旅游感兴趣。

角色扮演

通过观察孩子的言行，我们常常会发现他们也在为成年后的职业做着准备。很多孩子对机械和技术兴趣浓厚，这就意味着如果他们能朝着这方面发展，未来的职业就有希望获得成功。孩子们的游戏也反映出了他们的爱好。比如，有的孩子长大了想当老师，所以他们总是把比他们年幼的孩子召集起来，模仿老师上课的样子。

如果一个女孩子非常渴望成为母亲，她就会拿着布娃娃玩，培养自己对小婴儿的兴趣。这种做法值得鼓励，不需要任何担心。有些人认为，玩洋娃娃会让她们脱离现实世界，但实际上，她们通过这个游戏来认识母亲这一角色，以便将来承担起为人母的责任。从儿时就对她们进行这方面的培养是至关重要的，否则可能会错过时机，再也培养不了这种兴趣了。

在这里，我想重复一点：女人承担起为人母的责任，是对人类的重大贡献，绝对不能被低估。她关心孩子的生活，为让他们成为社会有用之才铺路，她拓展了孩子的兴趣，培养他们的合作精神，母亲做的一切称得上是功德无量。但是我们的社会却贬低了母亲的工作，认为她们做的一切都没什么价值。母亲不能得到直接的回报，一个家庭主妇总是会被贴上经济不独立的标签。但是，一个家庭的成功需要父母共同的努力，不论是专职太太，还是职业女性，她们和丈夫都应该同等重要。

影响职业选择的因素

如果一些孩子在毫无心理准备的情况下，突然遇到了疾病或死亡事件，他们就会一直对这方面的事非常关注，想成为医生、护士或者化学家。我认为应该对他们加以鼓励，因为我发现小时候就立志要做医生的人，在很小的时候就开始了这方面的训练，后来真的成了医生，并且非常热爱自己的职业。有时死亡带来的恐惧可以通过另外一种方式得到消除，那些想战胜死亡、延续生命的孩子会诉诸艺术或者文学创作，或者成为虔诚的教徒。

努力比家里的任何人都强是孩子们最常见的奋斗目标之一，尤其是要比自己的父母强，这是好事。我们很高兴地看到青出于蓝而胜于蓝，在某种程度上说，如果孩子希望取得比父亲更大的职业成就，父亲的经验会给他提供很好的基础。一些父亲是警察的孩子常常立志想成为律师或法官。如果父亲是医生，孩子们可能会想成为医生。如果父亲是教师，孩子们就想成为大学讲师。

在一个对金钱过分重视的家庭，孩子们就只会从挣钱多少的角度来选择工作。这是个很大的错误，这些选择并非出自个人兴趣，因此也无法为社会做出贡献。当然，人人都需要谋生，也有这样的情况：有些人根本不工作，因此成为别人的累赘。但是，如果孩子们仅仅对挣钱感兴趣，仅仅为了自己的利益考虑，就无法与人合作。如果"挣钱"是他们的唯一目的，根本不关心社会，为什么不应该去抢劫和诈骗呢？即使情况没这么极端，他们多少还有点社会责任感，可能会挣很多钱，但结果对别人并没有带来太多的好处。在这个复杂的时代，走这条路有可能发财致富，功成名就，有时候从某些方面看，错误的道路似乎真能带来成功。我们不敢保证只要人生态度正确，人就会取得成功，但是我们可以拍着胸脯说，他们一定能做到自尊自爱，勇往直前。

解决办法

对问题儿童进行教育，首要任务是找到他们的兴趣，更容易为他们提供帮助和鼓励。如果年轻人的职业稳定不下来，或者再年长一些的人遇到职场麻烦，我们只要找到他们真正的兴趣，在此基础上给出就业指导，同时努力帮助他们找到适合的工作。这件事做起来并不容易。如今，高失业率成为社会的热点问题。这种情况不利于人们合作能力的提高。因此，我认为，每一位认识到合作重要性的人都应该尽力消除失业现象，让每个人都能找到满意的工作。

我们也可以通过拓展培训学校、技术学校和成人教育来改善目前的情况。很多失业人员往往都没有接受过培训，没有一技之长。他们中还有一些人没有社会责任感。没有接受过教育的社会成员以及那些对公众利益漠不关心的人都是社会沉重的负担。他们感到自己没有价值，没有优势，不难理解为什么大部分的罪犯、神经官能症患者和自杀者都是没有受过培训，没有技术的人，就是因为他们没有技术，所以才比别人落后。所有的家长、教师以及所有关注人类未来发展和进步的人都应该确保为所有的孩子提供更好的培训，让他们在以后的劳动分工中找到属于自己的一席之地。

第十一章　个体和社会

抱团

融入同胞、团结一致是人类有史以来的愿望。正是有了同胞们的相互关心，人类才得以发展和进步。家庭是社会的组成部分，其成员之间的相互关心必不可少，家庭是人类的归宿。原始部落都有统一的标志把同组人团结在一起，让他们具有归属感，能够同心同德互帮互助。

宗教作用

图腾崇拜就是最原始的宗教。有的部落崇拜蜥蜴，有的部落把公牛或蛇当作图腾。具有相同的图腾崇拜的人生活在一起，互帮互助，结成兄弟。这些原始习俗是人类实现和继续合作的重要方式之一。这些原始宗教常常有一些自己的节日，比如，崇拜蜥蜴的人都会和同伴一起过节，讨论收获，怎样保护自己以免受到野兽和其他危险的伤害，这些就是设立节日的意义所在。

婚姻被视作涉及整个部落利益的大事。根据当时的社会规矩，人们不得不从外族寻找配偶。即使今天，恋爱和婚姻仍然不是个人的事，而是事关家族的大事。婚姻意味着一定的责任，这是社会的要求，他们要生育出健康的孩子，并且要共同抚养，必须得到他人的支持。在我们现代人看来，原始社会用制度、图腾和习俗来约束婚姻很荒谬，但是这些都是为了增进人们之间的合作，具有不可估量的时代意义。

宗教最重要的教义就是告诉人们要"爱自己的邻居"，其实也是在鼓励人们关注同胞，它只是换了种说法而已。这一行为的重要性也可以从科学的角度来说明。娇生惯养的孩子会问："为什么要爱邻居？我的邻居爱我吗？"这种想法说明这些孩子缺乏合作能力的培训，自私自利。那些不关心同胞利益的人不光自己会遇到最大的人生难题，也会给别人带来最大的伤害。正是有了这些人，社会才遭受种种失败。有很多宗教人士和政客积极努力来增进合作，我非常支持以增进合作为最终目标的一切努力。人们不需要争斗、指责和相互贬低。虽然事实上没人掌握绝对的真理，但是我们有很多的办法能够促成合作的最终达成。

政治和社会运动

众所周知，即使是最好的方法也会被政客滥用，若是这些办法不能促进合作，再好的办法也不会有所建树。一切政客都必须把促进人类社会更好地发展作为终极奋斗目标，这就需要高层次的合作精神。我们通常缺乏判断能力，不知道哪个政客和政党执政能够带来社会切实的进步，只能通过他们的人生态度来做判断。但是如果一个政党能够促成内部党员之间的愉快合作，其行为就应该获得我们的支持。社会活动也是如此。如果活动的目的是为了把孩子们培养成社会栋梁，这些活动必然会尊重传统，促进文化发展，按照最理想的想法去影响和修订法律，他们的努力理应得到支持。班级活动当然也算得上需要合作的集体活动，如果它的目标也是为了让社会变得更美好，我们也必须加以支持。

所以，判断政治和社会活动进步与否，应该看看它们是否能够增进我们的同胞之情，促进人们之间的合作。促进合作的方法有很多，也有优劣之分，无论怎样，只要目的是为了增强合作，即使不是最佳方式也不应加以排斥。

社会关注的缺失和沟通失败

利己主义

我们必须反对自私自利的人生态度，因为自私自利的态度是个人和集体进步的最大障碍。人类只有相互关爱，各种能力才能得到发展。也就是说，能写会读是跟人沟通的前提，对人类而言，语言本质上都是一样的，是人们相互交流的产物。理解不是一个人的事，理解意味着分担，意味着我们站在别人的角度考虑问题，理解是人们相互之间沟通的桥梁，表明了人们对人类经验的接受和认可。

利己主义者看重的是个人利益，他们只想让自己变得强大，但是对人生意义的认识太过狭隘。他们认为活着就是为了一己之利，他们不会与人分享，不能理解他人。这些人不能成功与他人沟通。所以，我们常常会看到，那些一直以自我为中心的人长大后，看上去总是鬼鬼祟祟或者眼神茫然，罪犯和精神病患者脸上也会有同样的神情。他们不会用眼神跟人交流，他跟别人感受到的世界并不相同。这些人甚至都不愿意看别人的眼睛，而是把目光投向别处。

精神障碍

很多神经官能症患者也表现出与人沟通的障碍。比如，脸红、口吃、阳痿和早泄等都是非常明显的症状，这些症状表明，神经官能症患者很难与人沟通，根本对别人不感兴趣。

孤僻发展到最严重的程度就是患上精神疾病。如果不能成功唤起精神病患者对他人的兴趣，精神疾病就不能得到治愈。跟其他症状相比，除了自杀者，自闭症患者跟社会更加疏远，所以治疗手段更加地复杂。我们要让患者学会合作，因此需要耐心地给予他们善意友好的治疗。我曾经受邀去治疗一个患有精神分裂症八年的女孩子，她被送进精神病医院治疗已经两年的时间了。她学狗叫、吐口水、撕衣服、吃手帕，从她的状态可以看出，她完全不对任何人感兴趣。她觉得她的母亲待她像条狗，她似乎在说："我越跟人接触，就越想把自己当成一条狗。"

我跟她连续谈了八天,她一个字都不说。 我就接着跟她谈,三十天之后, 她终于把我当成了朋友,开口讲话了,但是语言混乱,根本听不懂。

即使这种类型的病人受到鼓励,他们也不知道怎么去做。他们对人太过排斥,即使他们思想上变得勇敢起来,行为还是会表现出合作精神的缺乏。 就像那些问题儿童一样,他们会想尽办法制造麻烦:不是随手拿起东西摔,就是打护士。 我必须采取措施来制止她。 我没有做出任何反抗的行为,这反而出乎了她的意料。 这个岁数不大的女孩子力气不大,我任凭她打我,只用友好的眼神盯着她。 她完全没想到我竟然是这样的反应,她不再觉得自己受到了挑战。

虽然她的勇气被唤起,但她还是不知该做什么。 她打破了我的窗户,用玻璃碎片划伤了手。 我并没有责怪她,只是给她的手做了包扎。 通常应对这种暴力行为的反应都是关禁闭,其实这样做是错误的。 如果我们想要把这样的病人治愈,就必须采取别的方式。 我们绝对不能期望精神病患者做出正常人那样的举动。 几乎所有人都会对精神病患者的行为感到懊恼和生气,如果他们不再乱吃,不撕扯衣服等等,就随他们去吧,除此之外没有他法。

后来,这个女孩的精神病被治愈了。 一年之后,她的精神状态仍旧非常正常。 有一天,我去她住过的那家精神病院,在路上与她偶遇。

"你要去哪里?"她问我。

"跟我来，"我说，"我正准备去你住了两年的医院。"于是我们一起去了那里，我要求见曾经为她治疗的医生。在我给另外一个病人看病时，我要他跟她聊一会儿，当我回来时，我发现这位医生很不高兴。

"她确实非常正常了，"他说，"但是她并不喜欢我，这一点让我很不高兴。"

我仍然时不时地见到那个女孩儿，她的精神状态十年来一直很正常。她自食其力，和别人相处融洽，见过她的人谁也不相信她曾经是位精神病患者。

妄想症和忧郁症都能够非常清楚地表明人与社会疏远的情况。妄想症病人抱怨所有的人，认为所有的人都对他们心怀不轨。忧郁症患者则是自怨自艾，比如，他们会说"是我破坏了自己整个家"或者"我一无所有了，孩子们要挨饿了"。虽然他们会埋怨自己，然而这些都是表面假象，实际上还是在怨天尤人。

比如，一个具有影响力的女强人经历一次意外后，再也无法继续社交活动，她的三个女儿也都出嫁了，她感到非常孤单，可是祸不单行，与此同时，她的丈夫也辞世了。她以前一直受人宠爱，所以她想尽办法找回失去的一切。她开始四处旅游，但是觉得自己不像以前那样重要了，还在国外的时候她就患上忧郁症，新朋友们对她不理不睬。

忧郁症对跟她相关的人而言是一种考验。她给女儿发电报，要她们过来，但是女儿们都借口不来，当她回到家里时，她挂在嘴边上的话就是:"我的女儿对我一直都很好。"她的女儿让她一个人过活,找了个保姆照顾她,偶尔来看看她。这句话其实是一种指责,凡是了解情况的人都明白这一点。忧郁症是对别人的一种长期持续的愤怒和指责,实际上是想得到别人的关心、同情和帮助。忧郁症患者的早期记忆大都是这样的:"我记得我想要躺在一个长椅上,但是我的兄弟抢先躺在上面了。我就一直大哭大闹,最后他不得不把椅子让给了我。"

忧郁症患者通常为了报复他人而发生自杀行为。医生最关心的就是不让他们有任何自杀的借口。为了让他们放松,我治疗的首要原则就是建议他们:"千万不要做自己不喜欢的事。"这话听上去无关痛痒,但这才是问题的症结所在。如果忧郁症患者随心所欲地去做自己喜欢做的事,他们还有什么可指责的呢?又有谁要报复呢?"如果你想去剧院,"我对她说,"或者想度假,就去吧。如果在半路又不想去了,那就不去。"

这对任何人而言都是最理想的状态,大大满足了他们对优越感的追求。他们就像神一样随心所欲。但是,这跟他们的人生态度并不一致。他们想要的是操控和指责别人,要是别人事事都顺着他们,就谈不到控制和指责了。这种方法通常很有效,我的病人还没有过自杀行为。当然,最好有人看着这些病人,但不要看得太紧。只要有人看着他们,就不会有危险。

通常病人对我的建议做出这样的应答:"可是我没有什么喜欢的事情要做。"我对此早有心理准备,因为这不是第一次听到这样的回答,于是,我会说:"那就不要做你不喜欢的事情。"

但是，有时候他们会有这样的反应："我想整天待在床上。"

我知道，如果我说可以，他们就不再愿意这样做了，可是如果阻止他们，就会激起他们的反抗。这种情况下，我总是顺着他们，这是我采取的一个策略。还有另外一种直接挑战人生态度的方法，我会问他们："如果你听医生的话，你的病两个星期之内就会治愈。每天努力想想怎样才能让别人高兴。"想想我的这个提议对他们意味着什么，要知道他们通常的想法会是："我怎么给别人带来麻烦？"

他们的反应很有意思，有的说："这对我来说太简单了。我一直都是这么做的。"

其实，这不是实情。我要求他们仔细考虑这件事，但是他们不会照我说的去做。我告诉他们："你可以在睡不着觉的时候想想如何让别人开心，这对你的健康大有好处。"第二天当我再见到他们的时候，我会问："你有没有考虑我的建议？"

他们回答说："昨晚我一上床就睡着了。"当然，我们跟他们沟通时应该态度友好温和，不能表现出丝毫的高人一等的意思。

有些会说："我才不会考虑呢。我自己就很烦啦。"

我告诉他们："那就这样吧，但是，你还可以时不时地想想别人。"我想引导他们关注别人。

一些会问："为什么要让别人开心？他们又不会让我开心。"

我回答说："你得为自己的健康考虑，如果不为别人考虑，你以后也会受到伤害。"几乎没有病人会说："我已经考虑你的建议了。"我所做的一切努力都是想让病人增加对社会的关注。他们病症的真正原因就是合作精神的缺乏，我想让他们明白这一点。他们只有在平等合作的基础上跟人交流，才能真正康复。

过失犯罪

对社会交往缺乏兴趣还会导致"过失犯罪"。比如，有人随手丢掉一根划着的火柴，引起了森林大火；又或者，一个工人将一段电缆横放在了路上，一辆汽车驶来撞在上面，司机因此命丧黄泉。在这两个例子中，肇事者并非有意伤害他人，从道德的角度上说，他们似乎不应该对事故负有太大的责任。但是，他们一直都没有学会为别人着想，因此不能采取防范措施保证他人的安全。他们跟那些衣着邋遢的孩子、踮着脚尖走路的人、摔盘子打碗的人，或者损坏壁炉架上的装饰物的人一样，都是过于缺乏合作精神。

社会兴趣和社会平等

家庭和学校要负起责任，教育孩子关心他人，我们已经看到了缺乏对社会的关注会对孩子的发育造成多大的障碍。社会情感或许不是天生的本能，但是社会情感发展的潜力却是与生俱来的。这一潜能的开发程度依赖于父母养儿的技巧，对孩子的关注程度以及孩子对环境做出的自我判断。如果他们觉得别人对他充满敌意，如果他们感到自己四面受敌，走投无路，当然不可能跟人交朋友，友好对待别人。如果他们觉得别人都应该听他们使唤，他们就不会帮助别人，而是希望对别人发号施令。如果他们只是在意自己的感受，过度纠结于身体缺陷和畸形，就会跟社会疏远。

我们已经知道为何要让孩子感到自己是家庭的一分子，要对他们一视同仁，而他们也要关注其他所有的家庭成员。我们明白父母之间应该相敬如宾，并且跟外人和谐友好相处。只有这样，孩子们才会逐渐感到家里家外都能找到值得信赖的人。我们也明白了孩子们为什么要意识到自己是班级的一员，可以成为别人的朋友，也可以信赖他人。家庭和学校生活都是为以后进入社会生活做准备。家庭和学校的目的就是把孩子培养成平等的社会成员。只有具备了这些条件，孩子们才会充满勇气，自信面对各种人生问题并加以解决，最终促进社会的发展。

如果他们能友好待人，工作有意义，婚姻美满，就能为社会做出贡献，也绝不会感到低人一等或者心生挫败感。他们会觉得活在一个自由自在、充满温情的世界中，能够遇见跟自己投缘的人，共同承担人生的困难。他们觉得："这个世界属于我。我必须行动起来，决不能只做白日梦，守株待兔。"他们确信目前只是人类历史长河中的一个阶段，而自己则属于人类整个发展过程——过去、现在和未来——的一个部分。他们也会认识到，目前正是他们开创性地为人类贡献力量的大好机会，当然会有各种艰难、困苦、偏见和磨难摆在他们面前，但这就是世界的本来面目，无论好坏，我们都得接受。这就是我们的世界，需要我们努力工作，使之变得更美好。我们由衷地希望，人人都能以正确态度面对人生责任，担负起自己的社会职责。

　　担负起自己的社会职责，意味着通过与人合作解决人生三大问题。我们对一个人提出的一切要求，以及对其做出的最高评价就是：工作上，他是一位好同事；生活中，他是一个好伙伴；爱情和婚姻中，他是一个值得托付一生的伴侣。简言之，他们是有血有肉、有情有爱的真正的人。

第十二章 爱情和婚姻

爱情，合作和社会兴趣的重要性

　　德国某个地区有一个古老的习俗，能够测定未婚夫妻是否能够在一起生活。在举行婚礼前，新郎和新娘会被带到一片空地上，那里有一棵被砍倒的树。有人给他们一把两个人拉的锯子，让他们将树桩一锯为二，由此可以看出他们之间的合作意识如何。这项任务需要两个人共同完成。如果两人之间没有信任，就会互相拖累，没有进展。如果其中一方想把事情全部包揽下来，那么，即使另外一方做出让步，完成任务也会需要花费双倍的时间。他们必须共同努力，积极配合。这里的村民把互助视为美满婚姻的重要基础。

　　如果有人问我爱情和婚姻意味着什么，我将做如下回答，当然，这个答案可能不是那么完整：婚姻是爱情的结果，是对异性伴侣的付出，表现为身体上的吸引，生活中的相依相伴以及繁衍后代的决心。爱情和婚姻对人类开展合作必不可少，合作不只是为了两个人的幸福，更是为了整个人类的幸福。

　　爱情和婚姻是为了人类的幸福而完成的合作，这一观点为我们了解这一主题的方方面面提供了线索。身体的吸引是人类的本能欲望，对于人类的发展必不可少。正如我常常提到的那样，人类有着这样那样的弱点，所以在这个地球上不能永存。延续人类生命的唯一办法就是繁衍生息，所以生育能力和肉体吸引力的长久刺激是人类长久存在的必要因素。

如今，在爱情这一问题上出现了很多的问题和分歧。这些问题已引起父母乃至整个社会的关注。因此，如果我们想要努力得出正确的结论，采取的方法必须客观公正，不能让其他因素干扰我们全面而自由的讨论。

我并不是把爱情和婚姻问题孤立起来加以分析。单单凭个人想法，人类绝不可能解决问题，实际上，人都要受到各种关系的限制，并没有绝对的自由。他们在一定的环境中成长，必须做出与环境相适应的决定。正如我们所见，三大主要的关系产生的根源在于，我们生活在地球上，地球给我们带来了各种发展可能性和局限性；我们共同生活在这里，必须学会适应环境；人类未来的发展有赖于和谐的两性关系。

显而易见，如果个体关心同胞，关注社会利益，那么他们的一切行为就会从别人的利益出发，把爱情和婚姻问题当作事关社会利益的问题来解决。他们不需要意识到这一点，如果有人问，他们可能也无法客观描述出自己的目的，但是他们会自觉地为人类幸福做贡献，这一目的已经明确地体现在他们的行动中。

有些人不关心人类的幸福。他们不会去想："我能为同胞们做些什么呢？"或者，"怎样才能成为社会的一分子？"他们通常的念头是："我能从中得到什么好处？ 别人有没有给我足够的关心？ 他们欣赏我吗？"如果人生态度如此的话，他们对爱情和婚姻的态度也是如出一辙，他们会问："我怎样才能摆脱这个麻烦呢？"

爱情并不是像一些心理学家认为的那样完全是一种本能。性是一种冲动或本能，但是爱情和婚姻并不是仅仅为了满足性欲。 我们发现各种冲动与本能不断地发展，变得日趋文明和文雅，人们学会克制自己的一些欲望和冲动。 比如，为了人类的利益，我们学会不去彼此冒犯，学会了讲卫生，懂礼貌，即使在饥饿时，也注意分寸。 我们提高了饮食的品位，培养了餐桌礼仪。 我们的一切本能的冲动都要受到人类文明的束缚，反映了我们为人类幸福和社会和谐做出的不懈努力。

如果我们从这个角度理解爱情和婚姻问题，就会再一次看到，这一问题涉及整个人类的利益。 讨论爱情和婚姻的任何一个方面，包括让步、改变、制定出新规都没有什么意义，重要的是将它上升到人类整体利益的高度去考虑才能真正得到解决。 我们或许能够取得进步，或许找到更满意的解决办法，但是如果我们确实能找到更好的办法，爱情和婚姻问题也能得到更好的解决，因为我们更加全面地考虑了这一事实：人类是由这个星球上的两性组成，合作对于生存而言至关重要。 只要我们考虑到这些因素，那么其间所蕴含的真理将会经得住长久的考验。

平等的伙伴关系

通过这一方法，我们最早发现了婚姻是一项需要夫妻两个共同经营的事业。对很多人而言，这是一份全新的事业。我们接受的一些早期教育是培养独立工作的能力，一些是培养团队工作的能力，但是在两个人配合工作方面相对来说经验不够。因此，这些新情况会造成一些问题，不过，如果两个人关心他人，这个问题就能迎刃而解，因为他们很容易学会主动关心彼此。

我们甚至可以这样说，为了完全实现夫妻间的合作，双方必须关心对方胜过关心自己，这才是美满婚姻的基础。很多关于婚姻的错误观点以及倡导婚姻制度改革的错误提议立马不攻自破。如果一方关注对方胜于关注自己，自然会结成平等的夫妻关系。如果夫妻关系亲密，彼此忠诚，任何一方都不会感到受压制或者存在自卑感了。不过，这种平等的获得需要夫妻双方态度一致，共同努力，为彼此营造轻松丰富的生活环境。唯有如此，夫妻双方才能感到彼此需要。这为美满婚姻提供最重要的保障，也是幸福的婚姻的本质含义。美满婚姻会让你感到自己很重要，无人能取代，配偶需要你，你的言行得当，称得上是一位好伴侣，同时还是一位真正的朋友。

美满婚姻需要夫妻双方来共同经营，所以谁必须听从谁的这一观点不能成立。如果其中一方总是想控制和强迫另一方服从，两人生活在一起不会有什么好结果。在当前社会中，很多男人，实际上，也有很多女人认为，男人居于主导和统治地位，是一家之主，是绝对的家长。这种观点导致了很多婚姻的不幸。没人会毫无怨言、心甘情愿地接受低人一等的地位。夫妻之间必须平等，只有在平等的基础上，才能找到问题的解决办法。比如，有了平等，他们在是否要孩子的问题上就能取得一致意见。他们知道，决定不要孩子就意味着不愿意为人类的未来承担责任。他们会在子女教育问题上取得共识，会在婚姻出现裂痕时主动想办法弥补，因为他们知道如果自己的婚姻不美满，孩子们就会受到不好的影响，身心无法得到良好的发育。

婚前准备

现如今，很少有人为婚后合作做好充分的准备。我们的教育太过强调了个人的成功，更多考虑的是索取而不是奉献。不难理解，婚姻要求夫妻双方共同生活，结成最亲密的关系，如果没有互助精神，不能为别人考虑，必将造成严重的后果。大部分的人都是第一次体验到这种亲密关系，他们还不习惯替他人着想，关心对方的目标、愿望、希冀和志向。他们就是还没有准备好为彼此分担，因此会在婚姻中犯很多的错，但是现在是时候认清事实，以便将来不再发生类似的错误了。

生活态度、父母和对婚姻的态度

成年之后遇到的危机都跟我们以前受到的教育息息相关：我们应对事情的方式跟我们的人生态度相一致。为婚姻做好准备并非一蹴而就。我们能够从孩子们的言行举止、处世态度、思想和行动中看出他们成年以后的处世态度。其实，他们在五六岁时就已经对爱情有了大致的了解。

在孩子早期发育阶段，我们就能够看出他们的爱情观和婚姻观基本形成。他们不是有了性的需求，而是认定了这是社会生活的一个部分。爱情和婚姻存在于他们的生活环境中，它们会闯进他们对未来生活的畅想之中，因此，他们必须要对这些方面有所了解，并且对相关问题形成自己的立场和观点。

当孩子们过早地表现出对异性的兴趣，为自己选择伴侣的时候，我们不能认为那样做是错误的，或者对此心存反感，或者认为他们性早熟。我们更不能以此来取笑他们。我们应该将其视为为爱情和婚姻在做准备，所以应该站在孩子一边，让他们明白爱情是一个奇妙的挑战，为此，他们应做好准备，需要为人类的整体利益履行职责。这样，我们就能在孩子的心灵里播种下理想的种子，在未来的婚姻生活中，他们就能够做好准备，将配偶视为相互扶持的伴侣和亲密朋友。虽然一些孩子的父母婚姻生活并不和谐幸福，但是这些孩子仍然下意识地捍卫一夫一妻制，这一事实确实对我们具有启迪作用。

如果父母的婚姻幸福，儿女也会为迎接未来的婚姻生活做好更充分的准备。父母的婚姻生活影响了孩子对婚姻的最初印象，大部分人生失败的人往往都来自离异家庭或者不幸福的家庭，这一点不足为怪。如果连父母都没有合作能力，那就根本谈不到教会孩子与人合作了。通常的状况是，我们通过了解孩子生长的家庭氛围、他们对待父母和兄弟姐妹的态度，就能判断出他们是否适合婚姻生活。

最重要的因素还是他们是否为爱情和婚姻做好准备，但是我们对此应该慎之又慎。我们已经知道，对环境的认识，而不是环境本身，决定了个体的发展。他们对环境的认识至关重要。有时父母生活的不幸福反倒会刺激儿女争取更美满的生活，他们会努力为婚姻生活做好准备，因此我们绝对不能因为某些人家庭生活的不幸而对他们妄下结论或者加以排斥。

友谊和工作的重要性

友谊是增加社会责任感的方式之一。通过友谊，我们学会从别人的角度看问题，学会换位思考。如果孩子总是处于监管和保护之下，不跟人交往，没有伙伴，那么就不可能具有感同身受的能力。他们总是把自己看得最重要，事事为自己考虑。

学会交朋友是为未来的婚姻生活做准备。那些需要合作才能进行的游戏对孩子来说大有好处，但是，我们发现孩子们的游戏大多都是充满竞争性的，只有超过了对方才能成为赢家。我们需要为孩子创造共同劳动，共同学习，共同研究的机会。我觉得跳舞的重要性不可小觑。跳舞是需要两个人相互配合的娱乐活动，培养孩子跳舞对孩子有好处。我并不是指现在的那种舞蹈，那更多地是一种表演，而不是两人配合的活动。但是，如果我们为孩子们设计一些简单易学的舞蹈，将会极大地促进他们的身心发育。

另一件能够帮助人们为婚姻做准备的事情就是工作。如今，工作问题通常会出现在婚恋问题之前。一方或双方必须靠工作养活自己和家人。所以，为婚姻做准备也包括工作方面的准备。

性教育

我绝不鼓励家长过早过多地给孩子解释性方面的问题。孩子们对婚姻的看法非常重要。如果这个问题处理不好，他们就会认为这些问题很危险或者跟他们无关。根据我个人经验，过早地接触到性知识和性早熟的孩子往往会对婚姻产生恐惧感。对他们而言，身体的吸引也是危险的事情。随着年龄的增长，心智的成熟，再去了解这些性知识，就不会产生恐惧感了，这样，他们在处理男女关系的问题上犯错误的可能性就会大大减小。

绝对不要欺骗孩子，不要躲避他们提出的问题，要理解问题背后的动机，只告诉他们想知道的并且能够理解的。过多的信息会给孩子带来危害。这个问题跟其他人生问题一样，最好让孩子独立解决，通过学习来获取自己想得到的知识。如果父母和孩子之间相互信任，就不会对孩子造成危害。

很多人还认为孩子们跟同龄人的交流可能会对他们产生误导作用，其实，具有合作能力和独立性的一贯优秀的孩子根本不会受到一些悄悄话的影响，至少我从来没见到过这样的事情发生，他们不会轻信同学的话。大部分情况下，他们都有鉴别是非的能力，如果他们不相信别人说过的话，就会问家长或者哥哥姐姐。我也不得不承认，在这些问题方面，一些孩子表现得比他们的哥哥姐姐更敏感，也更有心计。

配偶选择的影响因素

身体吸引在童年时期就已经开始了。孩子对异性产生好感或者获得异性的好感，都是对异性身体开始感兴趣的表现。如果男孩子对母亲、姐妹或者周围的女孩感觉很好的话，她们就会对他未来伴侣的选择产生很大的影响。有时他也会受到图画中人物的影响，把画中人当作自己理想中完美的对象。正因为如此，人在成年后不能完全自由地选择伴侣，而是受到成长经历的左右。

这种对美的追求并非毫无意义。我们的审美观总是建立在对健康和美好的追求之上。我们的一切活动和能力都朝向这一方向发展，无人能例外。我们觉得美是永恒的，有益于人类未来更好的发展。我们都希望自己的孩子更完美，完美永远是我们追逐的目标。

如果男孩子跟母亲关系不好，或者女孩子不喜欢父亲（这种情况通常发生在父母婚姻生活不和谐的家庭），他们成年后可能会找跟自己的父母性格完全不同的人做伴侣。比如，一个总是受到母亲唠叨和吓唬的男孩，如果他个性软弱，害怕受到压制，就可能只对那些柔顺的女性感兴趣。他很容易在择偶问题上犯错误：他也可能会寻找看似强势的配偶，可能是因为他喜欢强势的人，也可能是想通过压制对方来证实自己更强大。如果母子关系不好，孩子就不能为以后的婚恋做好准备，甚至在不同程度上厌恶女性的身体，直至完全排斥女性。

婚姻中的义务与责任

自私自利是婚姻生活中的大忌。自私自利的人想要从生活中获得的是享受和刺激，他们想要随心所欲，要求别人迁就自己，从来没想过如何让配偶过得轻松自在，丰富多彩。这必将给婚姻生活带来灾难，这种行事方式无异于缘木求鱼。

因此，要树立正确的婚恋态度，不能总是寻找借口逃避责任。爱情的花朵不会在迟疑不决和猜忌的心灵中盛开。婚姻中的合作是一生的责任，不能坚定履行责任的婚姻算不上真正的婚姻，这些责任包括生育后代，教育后代，教会他们与人合作，尽可能地把他们培养成社会有用之才，真正成为平等和负责任的人类一分子。好的婚姻有利于我们培养下一代，这也是结婚的意义。婚姻本身就是一份工作，有自身的规则和规律。如果顾此失彼的话，就会违反合作的必然规律。

如果只把婚姻看作一个短期的过程，或者一种尝试阶段，就不可能拥有真正亲密和忠诚的婚姻关系。无论男女，只要他们想要逃避婚姻中的责任，就不会竭尽全力来经营婚姻。我们在面对人生的其他重大问题时，同样也不能采取逃避的态度。爱是不能打折扣的，那些试图寻找其他方法的人，虽然本性善良，出发点是好的，但是仍然会误入歧途，他们的选择不能鼓励夫妇双方为美满婚姻而努力，反倒更容易逃避婚姻，推卸责任。

即使人们想要解决婚恋问题，也会遇到来自社会的重重困难，但是我们不能因此而舍弃婚姻，而是要想办法解决问题。我们知道一些性格特点对和谐的情侣关系而言必不可少，比如忠诚、诚实、值得信任、善于沟通、不自私自利等等。

常见的逃避行为

如果人们不相信忠诚的存在，就不可能为婚姻做好准备，如果双方都追求"自由身"，也不可能成为彼此真正的伴侣，这些情况都不利于婚姻中的合作。跟人合作，就意味着必须承担起合作的责任，不能随心所欲。下面我就举个例子，借此说明一意孤行不仅伤害对方，而且会导致婚姻的失败，损害人类利益。一对离异过的男女再婚了。他们都是具有高智商的文化人，都真诚地期待新的婚姻生活比上次幸福。但是，他们不知道第一次婚姻失败的原因究竟是什么，并没有意识到他们自己缺少社会责任感。他们声称自己是自由的思想者，追求的是现代的婚姻，根本不想受到婚姻的任何束缚。因此，他们认为双方在任何方面都应拥有完全的自由，可以随心所欲，但是双方必须足够真诚，无话不谈。

在这一点上，丈夫似乎比妻子的胆子更大些。他一回到家就会给妻子讲讲外面的花花世界，妻子则听得津津有味，以丈夫为荣。她也想有些风流韵事，但是往往是还没有开始尝试，就会患上场所恐惧症。她一个人都不敢出门，只想整日待在家里，尽管有时下定决心走出家门，但很快就会吓得退回来。这种恐惧症阻止她做出格的事，但事情原本还不是这么简单。最后，因为她害怕独自外出，她的丈夫不得不整天陪在她身边。现在你看他们关于婚姻的逻辑宣告失败。丈夫整日陪在妻子身边，再也不是什么自由的思想者了，而妻子呢，因为害怕独自外出而失去了自己原有的自由。这位妻子要想得到治愈，就必须对婚姻有一个更正确的认识，丈夫必须将婚姻看成一种合作关系才可以。

其他一些错误在婚姻生活开始之初就已经存在了。娇生惯养的孩子婚后常常会感到被人忽视，他们还不适应社会生活。被溺爱的孩子在婚姻中会表现出强势，因此会令配偶感到受压制，于是开始了抗争。两个娇生惯养的孩子成年后成为夫妻，就会发生这样的情况：他们都会极力要求对方给予自己关爱，但最后谁也得不到情感的满足。下一步就是开始逃避婚姻，其中一方为了得到情感上更多的满足而选择出轨。

有些人对爱情不专一，可能会同时爱上两个人。这样他们就能随心所欲，得到自由，逃避责任，但是这样左右摇摆的爱情注定只能是竹篮打水一场空。

还有一些人幻想不可能实现的、浪漫的、完美的爱情，他们沉溺于天马行空的幻想之中，脱离实际生活。持这种幻想的人找不到自己的恋爱对象，因为那种理想的完美伴侣在现实中根本就不存在。

有些人在成长过程中遇到一些问题，对自己的性别角色产生厌恶或排斥。他们压制自己的性欲，如果不接受治疗，就不可能拥有美满婚姻。这就是我们之前提到过的"男性倾慕"，是目前文化过度看重男性价值造成的。如果孩子们对自己的性别角色产生怀疑，就不可能获得安全感。只要男性角色被视为统治者，不管男孩还是女孩，都会羡慕男性角色，他们怀疑自己是否能扮演好自己的角色，于是过度强化男子气概的重要性，想办法逃避考验。

我们常常会遇到一些不满意自己性别的孩子，这可能就是造成女人性冷淡、男人性无能的最根本原因吧。他们都是通过肉体的抗拒来拒绝爱情和婚姻。只有真正接受男女平等的思想才能解决这些问题。只要有一半的人对自己的性别不满，就会对美满婚姻造成巨大的障碍。为了治愈他们，必须让他们懂得男女是平等的，与此同时，也不能让孩子们对自己未来的角色产生丁点儿的忧虑。

我相信如果婚前不发生性关系，就更有可能获得甜蜜的爱情和婚姻。我发现大部分男人暗地里真的都希望自己的情人在结婚时还保持处女之身。有时他们认为一些女人太随便，会因此而动怒。另外，在我们文化中，如果女性在婚前与人发生过性关系，将会承受更大的压力。如果女性不是因为勇敢而是因为害怕而结婚,也算是在婚姻问题上犯的一种错误。我们知道,合作需要勇气,如果男女是因为害怕而走入婚姻殿堂,那就表明他们并不是真的想要合作。如果他们选择酗酒或者社会地位低下、受教育少的人做伴侣,也不可能进行很好的合作。他们惧怕爱情和婚姻,因此希望获得配偶的尊重,才会获得安全感。

求爱

根据一个人接近异性的方式,可以看出他的勇气以及合作能力的大小。每个人接近异性的方式都带有个人鲜明的特点,他们求爱时的举动和性格特点跟他们的生活态度相一致。通过他们在恋爱中的表现,我们能够判断出他们是对人类未来感到乐观,信心百倍地投入合作,还是自私自利、心怀恐惧,反复在一些问题上纠结不得解脱。比如,"别人会对我有什么印象?他们怎么看我?"有人接近女性时表现得迟钝和谨慎,有的则表现得鲁莽和心急。无论怎样,求爱表现是由其人生目的和生活态度决定的,只不过是另一种表现形式而已。求爱表现可以让我们对求爱者的性格有些许的了解,但是单凭他的表现来判断他是否适合婚姻是不对的,因为他在这方面目标明确,但是在其他方面可能还在犹豫不决。

我们目前的社会(也只有在这些情况下)通常认为男性应该

主动求爱。只要这种理念存在，就非常有必要培养男孩子的男性态度——积极主动、不犹豫、不逃避。但是，只有当他们认为自己是社会的一分子才能够具有这种态度，才能坦然接受自己的优缺点。当然，也鼓励女孩和女性主动示爱，她们同样也应该表现得积极主动，但是西方的主流文化却要求她们更矜持些，最好通过自己的外表、衣着、举动、表情、谈吐以及聆听方式来示好。因此，相比之下，男性的示爱方式更加简单直白，而女性则显得含蓄和复杂得多。

营造婚姻

婚姻中的性

虽然婚姻中性的吸引必不可少，但也必须以增进人类的幸福为准则。如果彼此之间真正地关注对方，就不会为性吸引力减少而苦恼。问题的症结恰恰就是因为对对方不感兴趣，他们觉得跟配偶的地位不平等，没有受到友好对待，不善于跟配偶合作，所以也不再想给配偶营造丰富的生活。有时人们会认为虽然兴趣还在，但是身体间的吸引已经消失，这个观点绝对错误。有时嘴巴会撒谎，或者思想上没有想通，但是身体的机能却不会骗人。如果身体机能不正常，双方就不可能达成共识，他们对彼此的兴趣便不复存在。至少，其中一方不想再面对婚姻，于是想办法逃避。

另一方面，人类的性欲是持续性的，跟其他动物的性欲不同，这种不同保证了人类的幸福和存续，人类借此繁衍生息，子子孙孙无穷尽。自然界采取别的方法让其他生物得以延续：比如，有些雌性动物下了很多蛋，但这些蛋未能全部得到孵化，其中一些蛋不是丢失就是遭到破坏，但是因为数量太巨大，所以总会有一部分得以存活。

人类也是凭借生育后代来确保人类的延续。因此，我们发现，凡是那些自觉关心人类利益的人最有可能生育后代，而那些对同胞缺乏关爱，不论是有意识还是无意识的，都会拒绝生育。如果他们总是一味地给别人提要求，期待别人的关注，他们不可能会喜欢孩子。他们只关心自己，讨厌孩子，认为孩子是个沉重的负担，觉得养育孩子既浪费时间，又耗费精力，还不如关心自己来得合算。因此，我们认为，为了彻底解决爱情和婚姻问题，做出要孩子的决定必不可少。我们知道养育下一代是婚姻美满的最佳办法，是婚姻不可或缺的一个部分。

单一配偶制，辛苦劳动和现实

单一配偶制是解决婚恋问题的一种实用的社会手段。婚姻关系的基础是亲密、忠诚和关心，没有谁的婚姻能够脱离这一基础而存在。我们知道总有原因会让婚姻破裂，我们无法避免这种情况的发生，但是如果我们把婚姻看作一种社会责任去面对，一项任务去执行，那样就会在婚姻出现问题时想办法弥补，更容易避免婚姻破裂。

夫妻双方不能齐心协力营造婚姻是婚姻破裂的常见原因，他们不能努力营造美满婚姻，只是坐等幸福从天而降，当然不会拥有成功的婚姻。把爱情和婚姻理想化，认为结局应该皆大欢喜，也是错误的想法。只有当男女走入婚姻时，各种可能才开始出现，只有在婚姻过程中，他们才会面对人生的种种现实问题，才能真正有机会为社会利益做出贡献。

另外社会上还流行着另一种观点：婚姻目的论——把婚姻视作是人生的终极目标。比如，成千上万的小说都是以走入婚姻殿堂做结尾，实际上，走入婚姻才是新生活的开始。然而，这种状况造成了人们的错觉，认为婚姻本身能够圆满地解决一切问题，好像结了婚的夫妇就能从此永远幸福下去。所以，婚姻本身不是万全之策，认识到这一点非常重要。无论何种形式的爱情，只有用心经营，互相关心，相互合作才能解决婚姻中的难题。

夫妻关系没有什么神奇之处。正如我们所见，婚恋观是个体生活态度的表现，只有对个体有全面的了解才能了解他的婚恋观，这也决定了他们做何种努力，有何种目标。比如，我们发现很多人总是想逃避婚姻中的问题，这些人绝对都是受到了溺爱，会对社会造成危害，这些被惯坏的孩子的人生态度在四五岁前就已经形成了。

"我想要什么就有什么吗？"他们总是这样问。如果不能遂愿，他们就会认为生活没有意义。"活着有什么用啊？"他们如是问道，"得不到我想要的，干吗还要活着呢？"他们变得悲观消极，就会产生"寻死"的念头，走向病态，变得神经质，用错误的人生态度构建出自己的一套错误的社会哲学。他们觉得自己错误的想法与众不同，而且特别重要，只有压抑自己的性欲和情感才能出淤泥而不染。他们就是在这种观点下长大的。很久以前，他们曾经过着随心所欲的生活，有些人仍然觉得如果他们的哭声足够大，抗议足够强烈，反对合作足够坚决，他们依然能够得到自己想要的东西。他们不能把自己的人生融入社会，仅仅只考虑一己之利。

他们不想奉献，坐等天上掉馅饼，婚姻对他们而言是一种"包退包换"的商品。他们试婚，轻易离婚。在婚姻开始，他们就要求自由和以感情之名背叛的权利。如果真的关心对方，就一定会表现出关心的特征，比如可靠、忠诚、有责任感，可以做真正的朋友。要想拥有幸福婚姻，就必须满足这些条件，否则婚姻破裂在所难免。

夫妻双方还必须要关心孩子的幸福，如果婚姻关系是建立在我所提到的几个错误婚恋观基础之上的，夫妻双方在抚养孩子方面必然要出问题。如果父母经常吵架，对自己的婚姻不是肯定而是贬低，对孩子未来走入社会起不到任何正面的作用。

婚姻问题的解决

人们为什么不能生活在一起有很多原因，可能对他们而言，不在一起生活可能对双方都好。谁来做决定呢？让那些不理解婚姻是一种责任的自私自利的人来决定吗？他们的逻辑还是没有变："离婚后我能得到什么？"

很显然，决定权不能交给他们这种人。我们经常发现离婚又结婚的人总是在重复同一个错误。那么应该由谁来决定呢？我们来设想一下，如果婚姻出现了问题，应该由心理医生来决定双方是否应该分道扬镳。这里有个问题，我在欧洲发现大部分的心理医生认为应该把个人利益放在首位，我不知道美国是不是也这样认为。因此，心理医生在接受这方面的咨询时，总是会建议咨询者另寻所爱，认为这就是解决之道。我相信他们会改变这种观点，不再给出这种建议。他们之所以给出这种解决办法，其实是因为他们没有把爱情和婚姻看作一个整体，不明白婚姻问题和其他问题之间的联系，我建议大家在解决问题时必须全盘考虑。

同样，如果人们把婚姻看作解决个人问题的办法也是错误的。我不了解美国，但是我知道在欧洲，如果一个男孩或女孩患上神经官能症，心理医生会建议他们找个情人，发生性关系。他们也会给成年人提出同样的建议，爱情和婚姻由此沦为一种"专利药物"，而那些服用该药物的人注定要迷失自己。要想正确解决婚恋问题，需要人格的高度完善。爱情问题与人的幸福和人生价值不可分割，因此婚姻问题不是小事。婚姻不是拯救罪犯、酗酒者和神经官能症患者的福音。神经官能症患者需要经过正确治疗才能恋爱结婚，否则，就会造成一些新的危害，导致不幸的发生。幸福婚姻是一个很大的理想，需要我们付出很多的努力，承担更多的责任。

一些人的婚姻目的不正确，一些人为了钱结婚，一些人因为心存内疚而结婚，有些人只是为自己找个仆人。这些跟婚姻都毫无关系，甚至还有人结婚是为了给自己增加麻烦。比如，一个男人在学业和未来职业上都不顺利，因此选择结婚为自己的失败找个借口，把失败的原因归咎于婚姻的羁绊。

婚姻与两性平等

我认为爱情问题绝对不能被低估或者贬低。相反，我们需要对它高看一眼。在我所提出的种种事件中，女性总是婚姻破裂的受害者。毫无疑问，我们的文化认为男人比女人要好过些，这是社会上的一种错误观点，但凭个人力量无法改变。尤其在婚姻中，一方的反抗都会影响夫妻关系，损害对方的利益。只有认识到我们的婚姻态度是错误的，并且努力做出改变，才能改善这种状况。我的学生拉姆齐·底特律教授曾做过一次调查，发现百分之四十二的女孩希望自己是男孩，这就意味着她们对自己的性别不满意。如果世界上一半的人对自己的性别感到失望，不满意自己的社会地位，嫉恨另一半拥有更多自由，我们又怎么能解决爱情与婚姻问题呢？如果女性总是认为自己低人一等，把自己当作男性的发泄性欲的工具，或者认为男人天性轻浮不忠，就能轻易解决这一问题吗？

综上所述，我们就能得出一个简单明了而实用的结论。人类天生并不是一夫多妻或一夫一妻。但是我们共同生活在这个星球上，虽然说是平等，但还是被分成了两个性别。我们明白所有的人都必须解决人生三大问题。这些事实证明了一件事：一夫一妻制才能确保个体爱情和婚姻问题的圆满解决。